岩波講座
物理の世界

数学から見た連続体の力学と相対論

物の理 数の理 3

数学から見た連続体の力学と相対論

砂田利一

岩波書店

編集委員

佐藤文隆

甘利俊一

小林俊一

砂田利一

福山秀敏

本文図版

飯箸　薫

まえがき

「物の理・数の理」の第3巻目である本書では,「数学から見た連続体の力学と相対論」を扱う.2巻目まではニュートン力学の直接の延長上にある有限自由度の力学系を主な考察の対象としてきた.一言でその内容をいえば,有限自由度の力学系を「質量が1の質点が高次元空間を運動する形式」により表現したのである.この表現により,ニュートンの運動方程式はリーマン多様体上の特別な形をもつ2階の常微分方程式として与えられた.

本巻の前半は無限自由度の力学系を扱う.とくに流体や固体など,いわゆる連続体の運動について考察することを目標とする.連続体の運動も,形式的には無限次元空間の中での1質点の運動とみなすことが可能だが,ここでは流体や固体の特徴に注目することにより,それを生かした形で運動方程式を記述する.その結果,完全流体に対するオイラーの方程式,粘性のある非圧縮性流体に対するナヴィエ–ストークスの方程式,弾性体の波動現象を表わす弾性波の方程式などの偏微分方程式を得る.強調しておきたいことは,摩擦や応力などの現象論的な議論が必要とはなるが,それらの方程式はすべてニュートンの運動方程式を源としているという事実である.ページ数の制限もあって,現在でも大きな問題として活発に研究されている数学的取り扱い(解の存在と一意性)に踏み込むことはできない.しかし,第1巻で述べた物体と運動の数学的表現を出発点にして,それらの方程式が導かれる過程をつまびらかにしようと思う.

本巻の後半は，アインシュタインにより確立された特殊相対論と一般相対論についての解説にあてられる．特殊相対論は，マクスウェルが打ち立てた電磁場の基礎方程式を理論の起点とする．時間とともに変動する電場と磁場が満たす基礎方程式は，ニュートン力学の時空のモデルであるガリレイ時空では記述不能である(換言すれば，ガリレイ変換により不変(共変)ではない)．マクスウェルの方程式を「支える」時空のモデルは，数学的にも美しい構造をもつミンコフスキー時空である．この新しい時空モデルにより，電場と磁場は統一的対象と捉えられ，19世紀の後半に物理学者を悩ませていた電磁気学の矛盾が一挙に解決されることになった．一般相対論では，さらに重力理論と特殊相対論の整合性を保障するために，「曲がった」時空概念が必要となる．特殊相対論は，時間と空間が「切り離す」ことのできない1つの実体であることを主張しているが，一般相対論ではさらに物体と時空の構造が独立ではないことを宣言する．すなわち，ニュートン力学の拠って立つ基本原理がすべて否定されることになる．

第2巻で準備した多様体の幾何学が，一般相対論において実を結ぶ．数学的概念の羅列に辟易とした読者も，ようやくここで報われることになるだろう．歴史的観点からいえば，曲面の微分幾何学を通してガウスの思い描いた空間の「形而上学」は，リーマン，リッチ，レビ-チビタらによる高次元空間の微分幾何学を経て，一般相対論の完成によりまさに現実化されたのである．

アインシュタインが一般相対論に達した過程は，数学的整合性とアナロジーに強く依存しており，「思弁的」推論に頼っているといってもあながち言い過ぎではない．整合性と類似の追及は，実は数学者にとっても強力な指導原理であり，物理的背景

や動機なしで数学が発展する起動力でもある．一般相対論の正しさが後にさまざまな観測により検証されたことは，物理学とは独立に歩む数学の道筋が，決して「抽象のための抽象」に向かっているのではないことを物語っている．数学が相対論で果たした役割を1つの例とするように，数学独自の発展は，科学の歴史の中での厳しい評価に耐えてきたのである．

 2004 年 4 月

砂田利一

目　次

まえがき

1 流　体 ······················ 1
   1.1 流体の運動方程式　1
   1.2 面積力と応力テンソル　4

2 固　体 ······················ 11
   2.1 変位とひずみテンソル　11
   2.2 弾性体　13

3 電磁場の理論 ·················· 23
   3.1 マクスウェルの方程式　23
   3.2 電磁場の運動量とエネルギー　28
   3.3 電磁波　34
   3.4 空洞放射とラプラシアンの固有値問題　44

4 特殊相対論 ··················· 53
   4.1 マクスウェル方程式の座標によらない表現　53
   4.2 ミンコフスキー時空　56
   4.3 相対論的運動方程式　69

5 一般相対論 ··················· 79
   5.1 アインシュタインの方程式(真空の場合)　80
   5.2 アインシュタインの方程式(物質のある場合)　85
   5.3 弱い重力場　88

参考文献　97
索　引　99

―――― 囲み記事 ――――

完全流体と無限次元リー群　　10

波動方程式と関数概念の発展　　20

光は電磁波である　　44

スペクトル幾何学　　52

運動する物体のローレンツ収縮，時計の遅れ　　59

ミンコフスキー時空と非ユークリッド幾何学　　73

アインシュタインの方程式と最小原理　　83

相対論の検証　　96

1
流 体

　流体とは液体と気体との総称であり，変形しやすく自由に運動することから流体という．後で扱う固体と違い，流体は力が働けばどこまでも運動を続ける．本節では，この特質に目を向けながら，質点系の運動の特別な場合として**流体力学**を扱う．

■1.1 流体の運動方程式

　本講座「物の理・数の理 1」5.3 節の例題 5.14 の中で定義したように，質点系の運動 $x(t,x)$ において，質量密度関数 $\rho(t,\boldsymbol{x})$ が滑らかであり，滑らかなベクトル場 $\boldsymbol{u}(t,\boldsymbol{x})$ により，$\dot{\boldsymbol{x}}(t,x)=\boldsymbol{u}(t,\boldsymbol{x}(t,x))$ と表わされるときには，この運動をベクトル場 $\boldsymbol{u}$ に沿う**流体運動**という．流体運動は**連続の方程式**

$$\frac{\partial \rho}{\partial t}+\mathrm{div}\,(\rho\boldsymbol{u}) = 0$$

を満たすことを思い出そう．

　流体に力が働くとし，その力の密度関数を $\boldsymbol{f}(t,\boldsymbol{x})$ により表わす．このときベクトル場 $\boldsymbol{u}(t,\boldsymbol{x})$ に沿う流体の運動に関して，

ニュートンの運動方程式はつぎの方程式と同値である．

$$\rho\Big(\frac{\partial \boldsymbol{u}}{\partial t}+(\boldsymbol{u}\cdot\nabla)\boldsymbol{u}\Big)=\boldsymbol{f} \qquad (1.1)$$

ここで，$\boldsymbol{v}=(v_1,v_2,v_3)$ について

$$(\boldsymbol{v}\cdot\nabla)\boldsymbol{u}=v_1\frac{\partial \boldsymbol{u}}{\partial x_1}+v_2\frac{\partial \boldsymbol{u}}{\partial x_2}+v_3\frac{\partial \boldsymbol{u}}{\partial x_3}$$

とする(この表現 $(\boldsymbol{v}\cdot\nabla)\boldsymbol{u}$ は「連続体の力学」によく登場するが，$\boldsymbol{u}$ の $\boldsymbol{v}$ 方向への**方向微分** $D_{\boldsymbol{v}}\boldsymbol{u}$ に他ならない)．方程式(1.1)を，**流体の運動方程式**という．

実際に(1.1)が運動方程式から導かれることを示そう．等式 $\dot{\boldsymbol{x}}(t,x)=\boldsymbol{u}(t,\boldsymbol{x}(t,x))$ の両辺を t により微分すると，

$$\ddot{\boldsymbol{x}}(t,x)=\frac{\partial \boldsymbol{u}}{\partial t}+(\dot{\boldsymbol{x}}(t,x)\cdot\nabla)\boldsymbol{u}=\frac{\partial \boldsymbol{u}}{\partial t}+(\boldsymbol{u}\cdot\nabla)\boldsymbol{u}$$

を得る．試料ベクトル値関数 $\boldsymbol{g}$ をとり，この両辺に $\boldsymbol{g}(\boldsymbol{x}(t,x))$ を内積させて，V 上で質量測度 m により積分すると，運動方程式 $\ddot{\boldsymbol{x}}(t,x)\mathrm{d}m(x)=\mathrm{d}\boldsymbol{F}(x)$ により左辺は

$$\int_V \ddot{\boldsymbol{x}}(t,x)\cdot \boldsymbol{g}(\boldsymbol{x}(t,x))\,\mathrm{d}m(x)=\int_V \boldsymbol{g}(\boldsymbol{x}(t,x))\,\mathrm{d}\boldsymbol{F}(t,x)$$
$$=\int_{\mathbb{R}^3}\boldsymbol{g}(\boldsymbol{x})\cdot \boldsymbol{f}(t,\boldsymbol{x})\,\mathrm{d}\boldsymbol{x}$$

となり，右辺は

$$\int_V \Big[\frac{\partial \boldsymbol{u}}{\partial t}+(\boldsymbol{u}\cdot\nabla)\boldsymbol{u}\Big](\boldsymbol{x}(t,x))\cdot \boldsymbol{g}(\boldsymbol{x}(t,x))\,\mathrm{d}m(x)$$
$$=\int_{\mathbb{R}^3}\rho(t,\boldsymbol{x})\Big[\frac{\partial \boldsymbol{u}}{\partial t}+(\boldsymbol{u}\cdot\nabla)\boldsymbol{u}\Big]\cdot \boldsymbol{g}(\boldsymbol{x})\,\mathrm{d}\boldsymbol{x}$$

となるから，両辺を見比べれば(1.1)を得る．

演習問題 1.1 上述の議論において，$\boldsymbol{u}=(u^1,u^2,u^3)$，$\boldsymbol{f}=(f^1,f^2,f^3)$ とするとき，新たに 4 元ベクトル $U=(U^1,U^2,U^3,U^4)$ と $\theta=(\theta^1,\theta^2,\theta^3,\theta^4)$ を，$U^i=u^i$ ($1\leq i\leq 3$)，$U^4=1$，$\theta^i=f^i$ ($1\leq i\leq 3$)，$\theta^4=0$ として定義するとき，連続の方程式と流体の運動方程式はつぎの 1 つの方程式で表わされることを確かめよ．

$$\sum_{j=1}^{4}\frac{\partial}{\partial x_j}\left(\rho U^i U^j\right)=\theta^i$$

ただし，時間変数 t を x_4 と書き直した．この形の方程式が，相対論においても登場する(4.3 節)．

演習問題 1.2 ベクトル場 $\boldsymbol{u}(t,\cdot)$ が与えられたとき

$$\frac{D}{Dt}=\frac{\partial}{\partial t}+\boldsymbol{u}\cdot\nabla$$

により定義される微分作用素を考える．この微分作用素は**ラグランジュ微分**とよばれ，変数 $(t,\boldsymbol{x})$ のスカラー関数とベクトル場に作用する．つぎの事柄を証明せよ．
(1) 任意の関数(ベクトル場) $g=g(t,\boldsymbol{x})$ に対して，$\dfrac{D}{Dt}(\rho g)=\rho\dfrac{D}{Dt}g$ が成り立つ．ただし，ρ は $\boldsymbol{u}$ に沿って流体運動する連続体の質量密度とする．
(2) $\boldsymbol{u}$ が流体の運動方程式 (1.1) を満たすとき，

$$\frac{D}{Dt}\left(\frac{1}{2}\rho\|\boldsymbol{u}\|^2\right)=\boldsymbol{f}\cdot\boldsymbol{u}$$

が成り立つ(これを流体に対する**エネルギー方程式**という)．

演習問題 1.3 つぎの式を証明せよ．

$$\boldsymbol{u}\cdot\nabla\boldsymbol{u}=\frac{1}{2}\mathrm{grad}\,\|\boldsymbol{u}\|^2-\boldsymbol{u}\times\mathrm{rot}\,\boldsymbol{u}$$

流体の運動を規定するベクトル場 $\boldsymbol{u}(t,\boldsymbol{x})$ に対して，t を固定したときのベクトル場 $\boldsymbol{u}(t,\cdot)$ が生成する 1 径数（局所）変換群を $\{\varphi_s\}$ とする．$p\in\mathbb{R}^3$ に対して，曲線 $s\mapsto\varphi_s(p)$ を時刻 t における p を通る**流線**という．また，ベクトル場 $\mathrm{rot}\,\boldsymbol{u}(t,\cdot)$ に対する流線を時刻 t における**渦線**という．流線，渦線ともに，曲線としての径数を無視する．

■1.2 面積力と応力テンソル

滑らかな力の密度関数 $\boldsymbol{f}=(f_1,f_2,f_3)$ をもつ力 $\boldsymbol{F}$ を考える．もし，各点 $\boldsymbol{x}$ に対して対称行列 $T_{\boldsymbol{x}}$ が対応し，滑らかな境界 S をもつ任意の領域 D について

$$\int_D \boldsymbol{f}\,\mathrm{d}\boldsymbol{x} = \int_S T(\boldsymbol{n})\,\mathrm{d}\sigma$$

が成り立つとき，$\boldsymbol{F}$ を**面積力**という*．ここで $\boldsymbol{n}$ は S 上の外向きの単位法ベクトル場であり，$\mathrm{d}\sigma$ は面積要素を表わす．$T=(\tau_{ij})$ とするとき，対称テンソル τ_{ij} を面積力に対する**応力テンソル**という．$\boldsymbol{\tau}_i=(\tau_{i1},\tau_{i2},\tau_{i3})$ とすると，$T(\boldsymbol{n})=(\boldsymbol{\tau}_1\cdot\boldsymbol{n},\boldsymbol{\tau}_2\cdot\boldsymbol{n},\boldsymbol{\tau}_3\cdot\boldsymbol{n})$ であるから，ガウスの発散定理を使えば，ベクトル $\int_S T(\boldsymbol{n})\mathrm{d}\sigma$ の i 成分は

$$\int_D \mathrm{div}\,\boldsymbol{\tau}_i\,\mathrm{d}\boldsymbol{x} = \int_D \sum_{j=1}^3 \frac{\partial\tau_{ij}}{\partial x_j}\mathrm{d}\boldsymbol{x}$$

により与えられる．よって D の任意性により

$$f_i = \sum_{j=1}^3 \frac{\partial\tau_{ij}}{\partial x_j}$$

---

* 面積力に対して，質量密度に比例する力の密度関数をもつ力は**体積力**とよばれる．

となる.逆に対称テンソル τ_{ij} により,このように表わされる力の密度をもつ力は面積力である.この先の議論では,$\sum_{j=1}^{3} \dfrac{\partial \tau_{ij}}{\partial x_j}$ を成分にもつベクトルを,誤解を恐れずに div $\boldsymbol{\tau}$ により表わすことがある(よって,div $\boldsymbol{\tau}=\boldsymbol{f}$).

例題 1.1 面積力の下での運動は,運動量保存則と角運動量保存則を満たすことを示せ.ただし,応力テンソルは有界な台をもつと仮定する.

【解】 面積力 $\boldsymbol{F}$ の総和について,部分積分を使うことにより

$$\int_V \mathrm{d}\boldsymbol{F}(x) = \int_{\mathbb{R}^3} \boldsymbol{f}(\boldsymbol{x})\, \mathrm{d}\boldsymbol{x} = \int_{\mathbb{R}^3} \mathrm{div}\, \boldsymbol{\tau}\, \mathrm{d}\boldsymbol{x} = \boldsymbol{0}$$

となるから,運動量保存則が成り立つ.角運動量保存則については,力のモーメント

$$\boldsymbol{G} = \int_V \boldsymbol{x}(x) \times \mathrm{d}\boldsymbol{F}(x)$$

が $\boldsymbol{0}$ であることを示せばよい.力の密度関数 $\boldsymbol{f}$ を使えば

$$\boldsymbol{G} = \int_{\mathbb{R}^3} \boldsymbol{x} \times \boldsymbol{f}(\boldsymbol{x})\, \mathrm{d}\boldsymbol{x}$$

と表わされ,$\boldsymbol{x} \times \boldsymbol{f}(\boldsymbol{x})$ の成分表示は $(x_2 f_3 - x_3 f_2, x_3 f_1 - x_1 f_3, x_1 f_2 - x_2 f_1)$ であるから,部分積分を行うことにより

$$\boldsymbol{G} = \int_{\mathbb{R}^3} (\tau_{23} - \tau_{32}, \tau_{31} - \tau_{13}, \tau_{12} - \tau_{21})\, \mathrm{d}\boldsymbol{x}$$
$$= \boldsymbol{0}$$

を得る. □

例1 電荷密度 ρ をもつ電荷系が引き起こす静電場 $\boldsymbol{E}=(E_1, E_2, E_3)$ が,それ自身に働く力の密度関数 $\boldsymbol{f}$ を考えよう.本講座「物の理・数の理 1」例題 5.17 により,$\boldsymbol{f}=\rho\boldsymbol{E}$ であるが,静電場の法則*により,$\rho=\epsilon_0 \mathrm{div}\, \boldsymbol{E}$ であるから,$\boldsymbol{f}=\epsilon_0(\mathrm{div}\, \boldsymbol{E})\boldsymbol{E}$ となる.ここで,

---

* 本講座「物の理・数の理 1」(5.14),(5.15)式参照.

$$(\tau_{ij}) = \epsilon_0 \begin{pmatrix} E_1{}^2 - \dfrac{1}{2}\|\boldsymbol{E}\|^2 & E_1 E_2 & E_1 E_3 \\ E_2 E_1 & E_2{}^2 - \dfrac{1}{2}\|\boldsymbol{E}\|^2 & E_2 E_3 \\ E_3 E_1 & E_3 E_2 & E_3{}^2 - \dfrac{1}{2}\|\boldsymbol{E}\|^2 \end{pmatrix}$$

と置けば，$f_i = \sum_{j=1}^{3} \dfrac{\partial \tau_{ij}}{\partial x_j}$ となることが，rot $\boldsymbol{E} = 0$ を用いることにより確かめられる．(τ_{ij}) を**マクスウェルの応力テンソル**という．こうして，電場を引き起こす電荷系自身に電場が働く力(自己力)は，面積力であることがわかる．このことは，電荷間に働く力が「近接作用」により説明できるとしたファラデーの直観的な主張について，マクスウェルが数学的に示した内容である．

重力場についても，上と同様のことが成り立つ．すなわち，質量密度 ρ をもつ質点系が引き起こす重力場を $\boldsymbol{G} = -\mathrm{grad}\, u$ とするとき(u は重力ポテンシャル)，これが引き起こす力の密度は $\rho\boldsymbol{G} = -(4\pi G)^{-1}(\mathrm{div}\,\boldsymbol{G})\boldsymbol{G}$ であり，rot $\boldsymbol{G} = -\mathrm{rot}\,\mathrm{grad}\,u = 0$ であるから，電場の場合とまったく同様である．

演習問題 1.4 一般のベクトル場 $X = (X_1, X_2, X_3)$ に対して，

$$(\tau_{ij}) = \begin{pmatrix} X_1{}^2 - \dfrac{1}{2}\|X\|^2 & X_1 X_2 & X_1 X_3 \\ X_2 X_1 & X_2{}^2 - \dfrac{1}{2}\|X\|^2 & X_2 X_3 \\ X_3 X_1 & X_3 X_2 & X_3{}^2 - \dfrac{1}{2}\|X\|^2 \end{pmatrix} \quad (1.2)$$

と置くとき，$\boldsymbol{f} = (\mathrm{div}\, X)X - X \times \mathrm{rot}\, X$ の成分 f_i は $f_i = \sum_{j=1}^{3} \dfrac{\partial \tau_{ij}}{\partial x_j}$ により与えられることを示せ．すなわち，$\boldsymbol{f} = \mathrm{div}\,\boldsymbol{\tau}$ である．

1.2 面積力と応力テンソル

連続体(流体)の理論によれば(巻末の参考文献[1], [2]), 連続体には外力とともに内部相互作用による**面積力**が働く.よって,ベクトル場 $\boldsymbol{u}=(u_1, u_2, u_3)$ に沿って行われる流体の運動方程式は

$$\rho\left(\frac{\partial \boldsymbol{u}}{\partial t}+\boldsymbol{u} \cdot \nabla \boldsymbol{u}\right) = \mathrm{div}\ \boldsymbol{\tau}+\boldsymbol{g}$$

により与えられる.成分で表わせば

$$\rho\left(\frac{\partial u_i}{\partial t}+\sum_{j=1}^{3} u_j \frac{\partial u_i}{\partial x_j}\right) = \sum_{j=1}^{3} \frac{\partial \tau_{ij}}{\partial x_j}+g_i$$

である.ここで $\boldsymbol{g}=(g_1, g_2, g_3)$ は外力の密度関数である.

とくに,関数 p により $T_{\boldsymbol{x}}=-p(\boldsymbol{x})I_3$ ($\tau_{ij}=-p\delta_{ij}$) と表わされるとき,p は**圧力**とよばれる.このときは,流体の運動方程式は

$$\rho\left(\frac{\partial \boldsymbol{u}}{\partial t}+\boldsymbol{u} \cdot \nabla \boldsymbol{u}\right) = -\mathrm{grad}\ p+\boldsymbol{g}$$

となる.

流体の質量密度 ρ が時間的にも空間的にも一定の場合,これを**非圧縮性流体**という.内部力としては圧力のみが働く非圧縮性流体は**完全流体**とよばれる.運動方程式と連続の方程式(本講座「物の理・数の理1」例題5.14)を併せれば,外力がないときの完全流体の方程式は

$$\frac{\partial \boldsymbol{u}}{\partial t}+\boldsymbol{u} \cdot \nabla_{\boldsymbol{u}} = -\frac{1}{\rho}\mathrm{grad}\ p, \quad \mathrm{div}\ \boldsymbol{u}=0$$

となる.これを**完全流体に対するオイラーの方程式**という(囲み「完全流体と無限次元リー群」p.10 参照).

粘性のある非圧縮性流体の場合は,流体内部の摩擦の効果によりひずみ**速度テンソル**

$$u_{ij} = \frac{1}{2}\left(\frac{\partial u_j}{\partial x_i} + \frac{\partial u_i}{\partial x_j}\right)$$

に比例する項が加わり，$\tau_{ij} = -p\delta_{ij} + \eta u_{ij}$ となる．よって，この場合の運動方程式はナヴィエ-ストークスの方程式

$$\frac{\partial \boldsymbol{u}}{\partial t} + \boldsymbol{u} \cdot \nabla_{\boldsymbol{u}} = -\frac{1}{\rho}\operatorname{grad} p + \nu \Delta \boldsymbol{u}, \quad \operatorname{div} \boldsymbol{u} = 0 \quad (\nu = \eta/\rho)$$

に帰着される．ナヴィエ-ストークスの方程式は，理論的にもよく研究されているが，まだ未解決な問題が多く残されている．

例題 1.2 完全流体において，$\boldsymbol{u}$ が定常流 $(\partial \boldsymbol{u}/\partial t = 0)$ であり，外力についてはある関数 Λ により $\boldsymbol{g} = -\rho \operatorname{grad} \Lambda$ と表わされているとする（例えば一様な重力場の下での流体）．このとき

$$\frac{\rho}{2}\|\boldsymbol{u}\|^2 + p + \rho\Lambda = 一定 \quad (\text{流線および渦線に沿って})$$

となることを示せ．これを**ベルヌーイの定理**という（これも一種のエネルギー保存則である）．

【解】 演習問題 1.3 の結果を使えば，

$$\rho \frac{1}{2}\operatorname{grad} \|\boldsymbol{u}\|^2 - \rho \boldsymbol{u} \times \operatorname{rot} \boldsymbol{u} = -\operatorname{grad} p - \rho \operatorname{grad} \Lambda$$

であるから，

$$\operatorname{grad}\left(\frac{\rho}{2}\|\boldsymbol{u}\|^2 + p + \rho\Lambda\right) = \rho \boldsymbol{u} \times \operatorname{rot} \boldsymbol{u}$$

が成り立つ．ベクトル積の定義から，左辺は $\boldsymbol{u}$ および $\operatorname{rot} \boldsymbol{u}$ に直交する．このことから主張がただちに得られる． □

例題 1.3 完全流体に $\boldsymbol{g} = -\rho \operatorname{grad} \Lambda$ を密度とする外部力が働いているとする．空間の滑らかな閉曲線 $c : [0, a] \longrightarrow \mathbb{R}^3$ が時刻 0 において与えられ，これが流れに沿って動いたときに時刻 t において得られる閉曲線を c_t とする．時刻 t における**循環** $\Gamma(t)$ を

$$\Gamma(t) = \int_{c_t} \boldsymbol{u}(t, c_t(s)) \cdot \boldsymbol{t}\, ds$$

により定義するとき，Γ は時間によらないことを示せ．これをケルビンの

定理という.

【解】 $z(t,\boldsymbol{x})$ を常微分方程式 $\dot{\boldsymbol{z}}(t,\boldsymbol{x})=\boldsymbol{u}(t,\boldsymbol{z}(t,\boldsymbol{x}))$ $(z(0)=\boldsymbol{x})$ の解とするとき,$c_t(s)=\boldsymbol{z}(t,c(s))$ である.よって,$c_t(s)=c(s,t)$ と置けば,本講座「物の理・数の理 1」例題 4.1 を適用して

$$\begin{aligned}\frac{\mathrm{d}}{\mathrm{d}t}\Gamma(t) &= \frac{\mathrm{d}}{\mathrm{d}t}\int_0^a \boldsymbol{u}(t,c(s,t))\cdot\frac{\partial c}{\partial s}\mathrm{d}s \\ &= \int_{c_t}\frac{D\boldsymbol{u}}{Dt}\cdot\boldsymbol{t}\,\mathrm{d}s+\sum_{i=1}^3\int_0^a \boldsymbol{u}(t,c(s,t))\cdot\frac{\partial\boldsymbol{u}}{\partial x_i}\frac{\partial c_i}{\partial s}\mathrm{d}s \\ &= \int_{c_t}\frac{D\boldsymbol{u}}{Dt}\cdot\boldsymbol{t}\,\mathrm{d}s+\frac{1}{2}\int_{c_t}\bigl(\mathrm{grad}\,\|\boldsymbol{u}\|^2\bigr)\cdot\boldsymbol{t}\,\mathrm{d}s \\ &= \int_{c_t}\mathrm{grad}\Bigl(\frac{p}{\rho}+\varLambda\Bigr)\cdot\boldsymbol{t}\,\mathrm{d}s+\frac{1}{2}\int_{c_t}\bigl(\mathrm{grad}\,\|\boldsymbol{u}\|^2\bigr)\cdot\boldsymbol{t}\,\mathrm{d}s = 0\end{aligned}$$

□

―――― 完全流体と無限次元リー群 ――――

完全流体に対するオイラーの方程式が，形式的には無限次元リー群上の左不変計量に対する測地線の方程式であることをみよう．以下，(M,g) をコンパクトなリーマン多様体とする．群 G として，M の微分同相写像で，体積要素 dv を不変にするもの全体を考える．G のリー環は $\mathfrak{g}=\{X;\ \mathrm{div}\ X=0$ である M 上のベクトル場 $\}$ と考えてよい．$\mathfrak{g}$ 上の内積をつぎのように定義する．

$$\langle X,Y\rangle = \int_M g(X(p),Y(p))\,dv(p)$$

$X\in\mathfrak{g}$ に対して $^t\mathrm{ad}_X(X)=-\nabla_X X+\mathrm{grad}\ P$ を満たす M 上の滑らかな関数 P が定数差を除いて一意に定まることを示す．内積の定義から，

$$\langle {}^t\mathrm{ad}_X(X),Z\rangle = \int_M g(X,[X,Z])\,dv \qquad (1.3)$$

レビ-チビタ接続の性質および

$$\int_M Zf\,dv = \int_M g(Z,\mathrm{grad}\ f)\,dv = \int_M (\mathrm{div}\ Z)f\,dv = 0$$

を使えば，(1.3) の右辺はつぎのようになる．

$$\int_M (g(X,\nabla_X Z)-g(X,\nabla_Z X))\,dv = -\int_M g(\nabla_X X,Z)\,dv$$
$$= \langle -\nabla_X X,Z\rangle$$

$W={}^t\mathrm{ad}_X(X)+\nabla_X X$ と置くと，いま示したことから任意の $Z\in\mathfrak{g}$ に対して $\int_M g(W,Z)\,dv=0$．よって，ある $P\in C^\infty(M)$ により，$W=\mathrm{grad}\ P$ と表わされる（P は定数差を除いて一意的）．実際，この事実は本講座「物の理・数の理 2」例題 3.13 の (3) で述べた事実 $\mathrm{Im}\,(\mathrm{grad})=(\mathrm{Ker}\,(\mathrm{div}))^\perp$ から導かれる．こうして，G 上での測地線の方程式 $\dot{X}={}^t\mathrm{ad}_X(X)$ は

$$\frac{\partial X}{\partial t} = -\nabla_X X+\mathrm{grad}\ P,\quad \mathrm{div}\ X = 0$$

に同値であることがわかる．これは，完全流体に対するオイラーの方程式に他ならない．

2
固 体

 固体は質点の集合状態の1つであり,流体にくらべて変形しにくいものをいう.本章でも,固体の運動を質点系の特別な運動と捉えることにする.

■2.1 変位とひずみテンソル

 固体の変形を表現するのに,変位ベクトル(場)の概念を使うと便利である.質点系 (V, m) の初期の位置 $\boldsymbol{x}_0(\cdot)$ が与えられたとき,あるベクトル場 $\boldsymbol{s}$ により

$$\boldsymbol{x}(x) = \boldsymbol{x}_0(x) + \boldsymbol{s}(\boldsymbol{x}_0(x))$$

と表わされる位置 $\boldsymbol{x}(\cdot)$ を,**変位ベクトル(場)** $\boldsymbol{s}$ による $\boldsymbol{x}_0(\cdot)$ の**変形**という.

 これからは,変位ベクトル場 $\boldsymbol{s}$ による変形としては十分に小さいものを考え,方程式 $\boldsymbol{y} = \boldsymbol{x} + \boldsymbol{s}(\boldsymbol{x})$ が $\boldsymbol{x}$ について解けるような場合を考える.すなわち,写像 $\boldsymbol{x} \mapsto \boldsymbol{x} + \boldsymbol{s}(\boldsymbol{x})$ の逆写像 $\boldsymbol{x} = \boldsymbol{q}(\boldsymbol{y})$ が存在すると仮定する.

例題 2.1 変位ベクトル場 $\boldsymbol{s}=(s_1,s_2,s_3)$ について，その台が有界(コンパクト)であり，さらに

$$J=\begin{pmatrix} \dfrac{\partial s_1}{\partial x_1} & \dfrac{\partial s_1}{\partial x_2} & \dfrac{\partial s_1}{\partial x_3} \\ \dfrac{\partial s_2}{\partial x_1} & \dfrac{\partial s_2}{\partial x_2} & \dfrac{\partial s_2}{\partial x_3} \\ \dfrac{\partial s_3}{\partial x_1} & \dfrac{\partial s_3}{\partial x_2} & \dfrac{\partial s_3}{\partial x_3} \end{pmatrix}$$

としたとき $\|J\|<1$ であれば($\|\cdot\|$ は作用素ノルム)，写像 $\boldsymbol{x}\mapsto\boldsymbol{x}+\boldsymbol{s}(\boldsymbol{x})$ は逆写像をもつことを示せ．

【解】 $F_i(x_1,x_2,x_3)=x_i+s_i(x_1,x_2,x_3)$ ($i=1,2,3$) と置けば，行列 $(\partial F_i/\partial x_j)$ は $I+J$ に等しい(I は3次の単位行列)．仮定から $I+J$ は可逆行列である(実際，$I-J+J^2-J^3+\cdots$ が収束し，$I+J$ の逆行列を与える)．よって，逆関数定理を使えば，$\boldsymbol{x}\mapsto\boldsymbol{x}+\boldsymbol{s}(\boldsymbol{x})$ は局所的には逆写像をもつことがわかる．$\boldsymbol{x}\mapsto\boldsymbol{x}+\boldsymbol{s}(\boldsymbol{x})$ は単射である．実際，$\boldsymbol{x}\neq\boldsymbol{y}$ であるとき

$$\|\boldsymbol{s}(\boldsymbol{y})-\boldsymbol{s}(\boldsymbol{x})\|=\left\|\int_0^1\frac{\mathrm{d}}{\mathrm{d}t}\boldsymbol{s}(\boldsymbol{x}+t(\boldsymbol{y}-\boldsymbol{x}))\,\mathrm{d}t\right\|$$
$$=\left\|\int_0^1\sum_{i=1}^3\frac{\partial\boldsymbol{s}}{\partial x_i}(\boldsymbol{x}+t(\boldsymbol{y}-\boldsymbol{x}))(y_i-x_i))\,\mathrm{d}t\right\|<\|\boldsymbol{y}-\boldsymbol{x}\|$$

となるから，$\boldsymbol{x}+\boldsymbol{s}(\boldsymbol{x})\neq\boldsymbol{y}+\boldsymbol{s}(\boldsymbol{y})$ である．$\boldsymbol{x}\mapsto\boldsymbol{x}+\boldsymbol{s}(\boldsymbol{x})$ が全射であることをみるには，まず，$\boldsymbol{x}\mapsto\boldsymbol{x}+\boldsymbol{s}(\boldsymbol{x})$ は有界集合上の外で恒等写像であるから，$\mathbb{R}^3$ に「無限遠点」を付け加えることにより得られる3次元球面 S^3 の間の滑らかな写像 f を定めること，さらに f の写像度が1であること(本講座「物の理・数の理2」課題3.3)に注意すればよい． □

演習問題 2.1
(1) 変位による変形は，$\boldsymbol{u}(t,\boldsymbol{x})=\dfrac{\partial\boldsymbol{s}}{\partial t}(t,\boldsymbol{q}(t,\boldsymbol{x}))$ により定義されるベクトル場に沿う流体運動であることを示せ．
(2) $\dfrac{D}{Dt}\boldsymbol{q}\equiv\boldsymbol{0}$ を示せ．
(3) $\dfrac{\partial^2\boldsymbol{s}}{\partial t^2}(t,\boldsymbol{q}(t,\boldsymbol{x}))=\dfrac{D}{Dt}\boldsymbol{u}$ であることを示せ．
〔ヒント〕 (2)については，$\boldsymbol{x}=\boldsymbol{q}(t,\boldsymbol{x}+\boldsymbol{s}(t,\boldsymbol{x}))$ の両辺を微分する．

変位ベクトル場 $\boldsymbol{s}=(s_1, s_2, s_3)$ に対して, そのひずみテンソル $S=(s_{ij})$ を

$$s_{ij} = \frac{1}{2}\left(\frac{\partial s_i}{\partial x_j} + \frac{\partial s_j}{\partial x_i}\right)$$

により定義しよう(本講座「物の理・数の理 1」の囲み「勾配, 発散, 回転の意味」p.57 参照). ひずみテンソルは固体の変形を記述する重要な物理量である. その理由は, 固体では外力とひずみが 1 価の関係で結ばれるという経験的事実にある.

■2.2 弾性体

弾性体は, その内部相互作用が生じるポテンシャル・エネルギーが, それを初期位置から変形させたときに, 本質的にそのひずみにしかよらないような固体である. 正確には, 弾性体は, つぎのようなポテンシャル・エネルギー U をもつ質点系(固体)のことである.

$$U(\boldsymbol{x}_0(\cdot) + \boldsymbol{s}(\boldsymbol{x}_0(\cdot))) = U(\boldsymbol{x}_0(\cdot)) + \int_{\mathbb{R}^3} W(\boldsymbol{x}, S(\boldsymbol{x}))\,\mathrm{d}\boldsymbol{x}$$

ここで, W は $\boldsymbol{x}$ と対称行列 S の滑らかな関数とする. さらに, 正値性 $W(\boldsymbol{x}, S) > 0$ $(S \neq O)$ を仮定しよう(現実の弾性体では, この仮定は満たされている). $\tau_{ij} = \dfrac{\partial W}{\partial s_{ij}}$ と置いて, 対称行列 $\tau = (\tau_{ij})$ を, 弾性体に対する**応力テンソル**という.

例題 2.2 弾性体のポテンシャル・エネルギーが引き起こす力の密度関数 $\boldsymbol{f} = (f_1, f_2, f_3)$ は $f_i = \sum_{j=1}^{3} \dfrac{\partial \tau_{ij}}{\partial x_j}$ により与えられることを示せ. とくに, $\boldsymbol{f}$ は面積力の密度関数である.

【解】 変位ベクトル場 $\boldsymbol{s}_0$ の変動 $\boldsymbol{s}_\epsilon$ を考え, $\left.\dfrac{\mathrm{d}}{\mathrm{d}\epsilon}\right|_{\epsilon=0} U(\boldsymbol{x}_0(\cdot) + \boldsymbol{s}_\epsilon(\boldsymbol{x}_0(\cdot)))$

2 固体

を計算する．$s = \dfrac{\mathrm{d}}{\mathrm{d}\epsilon}\Big|_{\epsilon=0} s_\epsilon$ と置くと，これは，

$$\frac{\mathrm{d}}{\mathrm{d}\epsilon}\Big|_{\epsilon=0} \int_{\mathbb{R}^3} W(\boldsymbol{x}, S_\epsilon(\boldsymbol{x}))\, \mathrm{d}\boldsymbol{x} = \int_{\mathbb{R}^3} \sum_{i,j=1}^{3} \frac{\partial W}{\partial s_{ij}}(\boldsymbol{x}, S_0(\boldsymbol{x})) s_{ij}(\boldsymbol{x})\, \mathrm{d}\boldsymbol{x}$$

$$= \int_{\mathbb{R}^3} \sum_{i,j=1}^{3} \tau_{ij} s_{ij}\, \mathrm{d}\boldsymbol{x}$$

に等しい(S_ϵ は $\boldsymbol{s}_\epsilon$ に対するひずみテンソル)．

$$\sum_{i,j=1}^{3} \tau_{ij} s_{ij} = \sum_{i,j=1}^{3} \tau_{ij} \frac{\partial s_i}{\partial x_j}$$

に注意して部分積分を行えば，上式は

$$-\int_{\mathbb{R}^3} \sum_{i,j=1}^{3} \frac{\partial \tau_{ij}}{\partial x_j} s_i\, \mathrm{d}\boldsymbol{x}$$

となり，ポテンシャル・エネルギーが引き起こす力，およびその密度の定義から主張を得る． □

弾性体のポテンシャル・エネルギーにおいて，とくに

$$W(\boldsymbol{x}, S) = \frac{1}{2} \sum_{i,j,k,l} C_{ijkl}(\boldsymbol{x}) s_{ij} s_{kl}$$

であるとき，**フック弾性体**という．S が対称であることから，$C_{ijkl} = C_{ijlk} = C_{jikl}$ と仮定しても一般性を失わない．さらに，$C_{ijkl} = C_{klij}$ と仮定してもよい．$C = C_{ijkl}$ を**弾性定数テンソル**という．このとき $\tau_{ij} = \sum_{k,l} C_{ijkl} s_{kl}$ である．各 $i, j = 1, 2, 3$ に対して，(α, β) 成分が $C_{\alpha i \beta j}$ であるような 3 次の正方行列を A_{ij} としよう：$(A_{ij})_{\alpha\beta} = C_{\alpha i \beta j}$．${}^t\!A_{ij} = A_{ji}$ に注意．このとき，力の密度関数 $\boldsymbol{f}$ は

$$f_\alpha = \sum_{i=1}^{3} \frac{\partial \tau_{\alpha i}}{\partial x_i} = \sum_{i,\beta,j} \frac{\partial}{\partial x_i}(C_{\alpha i \beta j} s_{\beta j})$$

$$= \sum_{i,\beta,j} \frac{\partial}{\partial x_i}\left(C_{\alpha i \beta j} \frac{\partial s_\beta}{\partial x_j}\right) = \sum_{i,j} \frac{\partial}{\partial x_i}\left(A_{ij} \frac{\partial \boldsymbol{s}}{\partial x_j}\right)$$

の α 成分により与えられる．よって，フック弾性体の変形が

ニュートンの運動方程式により行われるとき，変位ベクトル場 $s(t,\boldsymbol{x})$ はつぎの方程式を満たす．

$$\rho(t,\boldsymbol{x})\frac{\partial^2 \boldsymbol{s}}{\partial t^2}(t,\boldsymbol{q}(t,\boldsymbol{x})) = \sum_{i,j=1}^{3} \frac{\partial}{\partial x_i}\left(A_{ij}\frac{\partial \boldsymbol{s}}{\partial x_j}\right)$$

もし，変位が微小な場合は，$\boldsymbol{q}(t,\boldsymbol{x})=\boldsymbol{x}$, $\rho(t,\boldsymbol{x})=\rho(0,\boldsymbol{x})=\rho(\boldsymbol{x})$ としてよいから，

$$\rho\frac{\partial^2 \boldsymbol{s}}{\partial t^2} = \sum_{i,j=1}^{3} \frac{\partial}{\partial x_i}\left(A_{ij}\frac{\partial \boldsymbol{s}}{\partial x_j}\right)$$

を得る．これを**弾性波の方程式**といい，その解を**弾性波**という．

演習問題 2.2 W の正値性から，$A(\xi)=\sum_{i,j} A_{ij}\xi_i\xi_j$ ($\xi\neq 0$) は正の対称行列であることを示せ．
〔ヒント〕 $A(\xi)$ の (α,β) 成分 $A(\xi)_{\alpha\beta}$ について，$A(\xi)_{\alpha\beta}=\sum_{i,j}C_{\alpha i\beta j}\xi_i\xi_j$ であることを使う．

弾性体の物理的性質は，一般に方向に依存しており，弾性定数テンソルは直交座標系のとり方によって変化する．しかし，金属やガラスなどでは，物理的性質が方向性をもたないことがある．この特徴を，弾性定数テンソルの言葉でつぎのように言い表わす．

弾性定数テンソル $C=C_{ijkl}$ において，任意の直交行列 $U=(u_{ij})\in O(3)$ と任意の対称テンソル $S=s_{ij}$ に対して ${}^tUC(S)U=C({}^tUSU)$ が成り立つとき，C を**等方的**といい，等方的な弾性定数テンソルをもつフック弾性体を**等方的なフック弾性体**という．ここで，$\tau_{ij}=C(S)_{ij}=\sum_{k,l}C_{ijkl}s_{kl}$ とする．C が等方的であるための必要十分条件は

$$\sum_{i,j,k,l}C_{ijkl}u_{i\alpha}u_{j\beta}u_{k\gamma}u_{l\delta} = C_{\alpha\beta\gamma\delta}$$

が成り立つことである.

> **課題 2.1** 等方弾性定数テンソル C は,スカラー λ, μ により
> $$C_{ijkl} = \lambda \delta_{ij}\delta_{kl} + \mu(\delta_{ik}\delta_{jl} + \delta_{il}\delta_{jk})$$
> と表わされることを示せ.λ, μ はラメの弾性定数とよばれる(空間の点ごとに異なってもよい).W の正値性から,$\mu \geq 0$,$\lambda + 2\mu \geq 0$ である.

> **演習問題 2.3** ラメの弾性定数が空間的に一定の場合,等方的フック弾性体に対する弾性波の方程式は
> $$\rho \frac{\partial^2 \boldsymbol{s}}{\partial t^2} = \mu \Delta \boldsymbol{s} + (\mu + \lambda)\,\mathrm{grad}\,\mathrm{div}\,\boldsymbol{s} \qquad (2.1)$$
> により与えられることを示せ.

質量密度 ρ も定数の場合を考える.
$$c_l = \sqrt{\frac{\lambda + 2\mu}{\rho}}, \quad c_t = \sqrt{\frac{\mu}{\rho}}$$
と置く.現実の弾性体では,$\mu, \lambda > 0$ であるから,$c_l > c_t$ である.c_l を縦波の位相速度,c_t を横波の位相速度という.

縦波,横波の名前の由来を説明しよう.$\boldsymbol{s}$ が x_1 座標のみの関数 $\boldsymbol{s}(\boldsymbol{x}) = \boldsymbol{s}(x_1)$ である場合を考える.このとき,方程式(2.1)は
$$\rho \frac{\partial^2 s_i}{\partial t^2} = \left((\lambda + \mu)\delta_{i1} + \mu\right) \frac{\partial^2 s_i}{\partial x_1^2}$$
と表わされる.すなわち,$\boldsymbol{s}$ の第 1 成分については $\frac{\partial^2 s_1}{\partial t^2} = c_l^2 \frac{\partial^2 s_1}{\partial x_1^2}$ であり,第 2,第 3 成分については $\frac{\partial^2 s_i}{\partial t^2} = c_t^2 \frac{\partial^2 s_i}{\partial x_1^2}$,$(i=2,3)$ である.よく知られているように(下の例題 2.3 参照),これらの方程式(1 次元の**波動方程式**)の一般解は

$$s_1(t, x_1) = f_1(x_1 - c_l t) + g_1(x_1 + c_l t) \qquad (2.2)$$

$$s_2(t, x_1) = f_2(x_1 - c_t t) + g_2(x_1 + c_t t) \qquad (2.3)$$

$$s_3(t, x_1) = f_3(x_1 - c_t t) + g_3(x_1 + c_t t) \qquad (2.4)$$

により与えられる(f_i, g_i は任意関数).解(2.2)においては,変位の成分 s_1 が波の伝播方向(x_1 軸)と同じであり,解(2.3),(2.4)においては,変位の成分 s_2, s_3 が波の伝播方向と直交している.これが,縦波,横波という名前がつく理由である.

演習問題 2.4 ラメの弾性定数が空間的に一定の場合の等方的フック弾性体に対して,つぎのことを示せ.

$$\frac{\partial^2}{\partial t^2} \mathrm{div}\ \boldsymbol{s} = c_l^2 \Delta\ \mathrm{div}\ \boldsymbol{s}, \qquad \frac{\partial^2}{\partial t^2} \mathrm{rot}\ \boldsymbol{s} = c_t^2 \Delta\ \mathrm{rot}\ \boldsymbol{s}$$

1次元波動方程式について,いくつかの例題により解説しよう.

例題 2.3 1次元波動方程式

$$\frac{\partial^2 u}{\partial t^2} = c^2 \frac{\partial^2 u}{\partial x^2} \qquad (2.5)$$

の一般解は,$u(t,x) = f(x-ct) + g(x+ct)$ により与えられることを示せ.

【解】 変数変換 $y = x - ct$, $z = x + ct$ を行うと,波動方程式は $\dfrac{\partial^2 u}{\partial y \partial z} = 0$ に帰着される.これから $u = f(y) + g(z)$ が導かれる. □

例題 2.4 1次元波動方程式(2.5)の初期条件 $u(0,x) = u_0(x)$, $\dfrac{\partial u}{\partial t}(0,x) = u_1(x)$ の下での解は次式により与えられることを示せ.

$$u(t, x) = \frac{1}{2}\bigl(u_0(x-ct) + u_0(x+ct)\bigr) + \frac{1}{2c} \int_{x-ct}^{x+ct} u_1(\tau)\, \mathrm{d}\tau \qquad (2.6)$$

【解】 直接(2.6)が与えられた初期値をもつことを確かめることもできるが,一般解 $u(t,x) = f(x-ct) + g(x+ct)$ が与えられた初期値をもつように,f, g を定めることにより証明できる.実際,

$$u_0(x) = u(0,x) = f(x)+g(x), \quad u_1(x) = \frac{\partial u}{\partial t}(0,x) = -cf'(x)+cg'(x)$$

の 1 番目の式から，$u_0'(x)=f'(x)+g'(x)$ を得るが，これと 2 番目の式を連立させて解けば

$$f'(x) = \frac{1}{2}u_0'(x)-\frac{1}{2c}u_1(x), \quad g'(x) = \frac{1}{2}u_0'(x)+\frac{1}{2c}u_1(x)$$

となる．これらを積分すれば(2.6)を得る． □

例題 2.5 1 次元波動方程式(2.5)の周期境界条件 $u(t,x+1)=u(t,x)$ の下での解は，周期 1 の周期関数 $F(x), G(x)$ および $\alpha \in \mathbb{R}$ により

$$u(t,x) = F(x-ct)+G(x+ct)+\alpha t$$

と表わされることを示せ．

【解】 $u(t,x)=f(x-ct)+g(x+ct)$ と表わすとき，$u(t,x+1)=u(t,x)$ であるための必要十分条件は，$f(X+1)+g(Y+1)=f(X)+g(Y)$ $(X,Y\in\mathbb{R})$ となることである．よって，$f(X+1)-f(X)=\gamma, g(Y+1)-g(Y)=-\gamma$ となる $\gamma\in\mathbb{R}$ が存在する．$F(X)=f(X)-\gamma X, G(Y)=g(Y)+\gamma Y$ と置けば，F,G は周期 1 の周期関数である．あとは $\alpha=-2\gamma c$ と置けばよい． □

周期境界条件を満たす 1 次元波動方程式の解については，フーリエ級数を用いて表わすことが可能である．

まず，フーリエ級数について復習する．一般に，

$$\sum_{n=-\infty}^{\infty} a_n \mathrm{e}^{2\pi\sqrt{-1}nx} \tag{2.7}$$

の形の無限級数を**フーリエ級数**といい，$a_n\in\mathbb{C}$ $(n=0,\pm 1,\pm 2,\cdots)$ をこのフーリエ級数の**フーリエ係数**という．ただし，部分和は $\sum_{n=-N}^{N}$ のように対称にとる．オイラーの公式 $\mathrm{e}^{\sqrt{-1}x}=\cos x+\sqrt{-1}\sin x$ を用いれば，(2.7)の実部と虚部は

$$\frac{\alpha_0}{2}+\sum_{n=1}^{\infty}\bigl(\alpha_n \cos(2\pi nx)+\beta_n \sin(2\pi nx)\bigr)$$

の形をした三角級数で表わされる(これもフーリエ級数という).

もちろん一般には,フーリエ級数は収束するとは限らない.しかし,例えば $\sum_{n=-\infty}^{\infty}|a_n|<\infty$ のときは,フーリエ級数は絶対収束し,しかも x について一様収束するから

$$f(x) = \sum_{n=-\infty}^{\infty} a_n e^{2\pi\sqrt{-1}nx}$$

は x の連続関数であり,周期 1 の周期関数である.そして項別積分することにより

$$\int_0^1 f(x) e^{-2\pi\sqrt{-1}mx} dx = \sum_{n=-\infty}^{\infty} a_n \int_0^1 e^{2\pi\sqrt{-1}(n-m)x} dx = a_m$$

を得る.ここで,

$$\int_0^1 e^{2\pi\sqrt{-1}kx} dx = \begin{cases} 1 & (k=0) \\ 0 & (k\neq 0) \end{cases}$$

を使った.逆に,周期的な連続関数,あるいはもっと一般に $[0,1]$ で可積分な周期関数 f に対して,そのフーリエ係数 a_n を

$$a_n = \int_0^1 f(x) e^{-2\pi\sqrt{-1}nx} dx$$

により定義し,$f(x)$ のフーリエ級数展開を $\sum_{n=-\infty}^{\infty} a_n e^{2\pi\sqrt{-1}nx}$ として定義することができるが.これが $f(x)$ に収束するとは限らない.もし $f(x)$ が微分可能であり,導関数 $f'(x)$ が有界ならば,$f(x)$ のフーリエ級数展開は $f(x)$ に収束する.

さて,元の主題に戻って,$u(t,x)$ のフーリエ級数展開を

$$\sum_{n=-\infty}^{\infty} u_n(t) e^{2\pi\sqrt{-1}nx}$$

とする.ここで,$u_n(t)$ は

---**波動方程式と関数概念の発展**---

1次元波動方程式についてていねいに述べたのには理由がある．それは関数概念の史的発展に関連するからである．

現在では当たり前のように使用する関数(function)という言葉は，ライプニッツにより用いられたのが最初である．ライプニッツは，曲線に関係する接線や法線などの直線が定直線を切り取ることによって得られる線分を表わすのにこの言葉を用いたのである（1670年代）．その後，関数概念は微分積分学の発展とともに次第に拡張されたが，関数の定義は曖昧なままで，オイラーに代表されるように「解析的な式で表わされる変動する量」という考え方が大勢であった．

波動方程式の解を求める問題は，関数概念に真正面から立ち向かう契機を与えた．1747年に，ダランベールにより波動方程式(2.5)の解が $f(x-ct)+g(x+ct)$ により与えられることが示されたが，他方で，ダニエル・ベルヌーイにより，波動方程式の解が三角級数を使って表現できることが主張された．彼らの結果から，「任意の」関数の意味，そして，三角級数の収束の意味，さらには関数がいつでも三角級数で「表現」できるかが問題になった．これらの問題は，1807年にフーリエが熱伝導の方程式に関連して，任意の関数 $f(x)$ のフーリエ級数が $f(x)$ を表現することを主張したことにより，明確な形で当時の数学者の注意を喚起したのである．

コーシーは，フーリエの主張の問題点を認識し，級数の収束，関数の連続性，微分可能性，積分可能性の概念を導入したが，関数の完全な理解に

$$u_n(t) = \int_0^1 u(t,x)\, e^{-2\pi\sqrt{-1}nx}\,dx$$

により与えられる．$u(t,x)$ が3階まで連続偏微分可能とすれば

$$\frac{\partial^2}{\partial t^2}u(t,x) = \sum_{n=-\infty}^{\infty} \frac{d^2 u_n}{dt^2}(t)\, e^{2\pi\sqrt{-1}nx},$$

$$\frac{\partial^2}{\partial x^2}u(t,x) = \sum_{n=-\infty}^{\infty} (-4\pi^2 n^2) u_n(t)\, e^{2\pi\sqrt{-1}nx}$$

であるから，フーリエ係数をくらべて

は至らなかった．1837年にディリクレが与えた定義が，関数の最初の一般的定義である．ディリクレは，彼のフーリエ級数に関する論文の中で「区間 $[a,b]$ 上の関数 y は，全区間で同一の法則に従って変数 x に関係する必要はなく，その関係が数学的算法により表わされる必要もない」と言明し，関数とは結局は「対応」に他ならないと主張した．

ディリクレの観点は，カントルの集合論によりさらに強固なものになった．カントルの集合論の出発点が，やはりフーリエ級数論であったことに注意しておこう．そして，フランスのボレル，ルベーグらにより集合論に基づいた解析学が展開され，なかでもルベーグの創始した積分論(ルベーグ積分論)は，フーリエ級数論を原型とする関数解析学の勃興を促すきっかけとなったのである．

関数解析学は，ヒルベルトによる積分方程式論の研究にも源をもち，その整理の過程で抽象的な関数空間の理論，たとえばヒルベルト空間やバナッハ空間の理論が確立した．なかでもヒルベルト空間とその間の作用素論は，フォン・ノイマンによる量子力学の数学的基礎付けの研究の中で完成された(量子力学では，シュレディンガー方程式とよばれる別の種類の波動方程式が登場する)．他方，関数概念の一般化が，数理科学からの刺激の下で試みられ，最終的に L.シュワルツによる超関数の理論に結実することとなった．

$$\frac{\mathrm{d}^2 u_n}{\mathrm{d}t^2}(t) = -4\pi^2 c^2 n^2 u_n(t) \quad (n = 0, \pm 1, \pm 2, \cdots) \quad (2.8)$$

を得る(これは「無限個の」独立な調和振動子の運動方程式であることに注意)．(2.8)を解けば，

$$\begin{cases} u_0(t) = \alpha t + c_0 \\ u_n(t) = a_n \mathrm{e}^{2\pi n c t \sqrt{-1}} + b_n \mathrm{e}^{-2\pi n c t \sqrt{-1}} \quad (n \neq 0) \end{cases}$$

となり，

$$u(t,x) = \sum_{n=-\infty}^{\infty} a_n e^{2\pi n\sqrt{-1}(x+ct)} + b_n e^{2\pi n\sqrt{-1}(x-ct)} + \alpha t$$

を得る($c_0 = a_0 + b_0$).

3
電磁場の理論

　電場の時間変化は磁場を引き起こし，磁場の時間変化は電場を引き起こす．後者(電磁誘導)は 1831 年にファラデーにより発見された現象である．したがって，静電場と静磁場の基本法則は，時間変化する電場と磁場に対しては書き直しが必要である．本章では，マクスウェルにより数学的に取り扱われ(1873 年)，ヘルツ(1890 年)により整理された，時間変化する電磁場の基本方程式について論じ，その解として得られる**電磁波**に関する性質を述べる([3], [4]も参照のこと)．

■3.1 マクスウェルの方程式

　電荷系の外では真空な場合，マクスウェルの方程式は，

$$\begin{cases} \epsilon_0 \operatorname{div} \boldsymbol{E}(t,\boldsymbol{x}) = \rho(t,\boldsymbol{x}), & \mu_0^{-1}\operatorname{rot} \boldsymbol{B}(t,\boldsymbol{x}) - \epsilon_0 \frac{\partial \boldsymbol{E}}{\partial t} = \boldsymbol{i}(t,\boldsymbol{x}) \\ \operatorname{div} \boldsymbol{B}(t,\boldsymbol{x}) = 0, & \operatorname{rot} \boldsymbol{E}(t,\boldsymbol{x}) + \frac{\partial \boldsymbol{B}}{\partial t} = 0 \end{cases}$$

(3.1)

により与えられる．ここで，ρ は電荷密度，$\boldsymbol{i}$ は電流密度であ

る．また，ϵ_0 は真空の誘電率，μ_0 は透磁率である（本講座「物の理・数の理 1」5.4 節）．この方程式系が，静電場と静磁場の基本法則を特別な場合として含むことは明らかであろう．実際，電場と磁場に対するガウスの法則は，この場合もそのまま成り立っている．また，恒等式 div rot $\boldsymbol{B}=0$（本講座「物の理・数の理 1」演習問題 4.2）を適用すれば，マクスウェルの方程式が，電荷密度と電流に対する連続の方程式 $\dfrac{\partial \rho}{\partial t}+\mathrm{div}\,\boldsymbol{i}=0$ と矛盾しないことが確かめられる．

マクスウェル方程式の物理的裏付けを与えよう．まず，方程式

$$\mu_0^{-1}\mathrm{rot}\,\boldsymbol{B}-\epsilon_0\frac{\partial \boldsymbol{E}}{\partial t}=\boldsymbol{i} \qquad (3.2)$$

について吟味する．これは，アンペールの法則 $\mu_0^{-1}\mathrm{rot}\,\boldsymbol{B}=\boldsymbol{i}$ を一般化したものである．定常電流に対するアンペールの法則が，時間変化する電流に対してはそのままでは成立しないことをみるために，つぎのような例を考察する．

空間の中に平行に置かれた導体版（コンデンサー）A, B を考え，A は正の全電荷 Q，B は負の全電荷 $-Q$ をもつとする．A, B を 1 つの導線で結ぶと，A から B に導線上を流れる電流 $\boldsymbol{i}$ が生じ，導線のまわりの空間に磁場 $\boldsymbol{B}$ が生じる．C を導線を囲む閉曲線とし，C を境界とする 2 つの曲面 M_1, M_2 を考える（図 3.1 参照）．このとき，もしアンペールの法則を仮定すれば（古典的）ストークスの定理（本講座「物の理・数の理 2」例題 3.18）により

$$\int_C \boldsymbol{B}\cdot \boldsymbol{t}\,\mathrm{d}s = \pm\int_{M_i}\boldsymbol{n}\cdot\mathrm{rot}\,\boldsymbol{B}\,\mathrm{d}\sigma = \pm\mu_0\int_{M_i}\boldsymbol{n}\cdot\boldsymbol{i}\,\mathrm{d}\sigma$$
$$= \begin{cases} I\,(\neq 0) & (i=1) \\ 0 & (i=2) \end{cases}$$

となる（導体板に挟まれた部分には電流は存在しないことに注

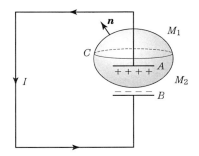

図3.1 変位電流

意).ただし,符号 ± については,$i=1$ のときはプラスをとり,$i=2$ のときはマイナスをとる.この式は明らかに矛盾である.これは,コンデンサーの導体板上の電荷の量は時間とともに変化し,電荷密度 ρ と電流密度 i もそれにつれて変化していることから生じる矛盾である.言い換えれば,時間変化する場合には静電場の基本法則(アンペールの法則)を適用できないことを意味している.

アンペールの法則が時間変化する電荷と電流に適用されないことは,連続の方程式と両立しないことからも理解される.div rot=0 に注意すれば,div $i=\mu_0^{-1}$div rot $\boldsymbol{B}=0$ となり,連続の方程式により $\dfrac{\partial \rho}{\partial t}=-\mathrm{div}\ i=0$ となるからである.

そこでマクスウェルは,時間変化する電流の場合にアンペールの法則を変更し,(3.2)が成り立つとした.これを**アンペール-マクスウェルの法則**という.そして,$\epsilon_0 \dfrac{\partial \boldsymbol{E}}{\partial t}$ を**変位電流**という.

例題 3.1 上のコンデンサーの場合に,アンペール-マクスウェルの法則が矛盾を導かないことを確かめよ(ただし,変位電流はコンデンサーの内部だけにあると仮定してよい).

【解】 $i=1,2$ について

$$\int_C \boldsymbol{B} \cdot \boldsymbol{t} \, \mathrm{d}s = \pm \int_{M_i} \boldsymbol{n} \cdot \mathrm{rot} \, \boldsymbol{B} \, \mathrm{d}\sigma$$
$$= \pm \mu_0 \int_{M_i} \boldsymbol{n} \cdot \boldsymbol{i} \, \mathrm{d}\sigma \pm \mu_0 \epsilon_0 \int_{M_i} \frac{\partial \boldsymbol{E}}{\partial t} \mathrm{d}\sigma$$

$i=1$ の場合は,変位電流が M_1 上で 0 であるから

$$\int_C \boldsymbol{B} \cdot \boldsymbol{t} \, \mathrm{d}s = \mu_0 \int_{M_i} \boldsymbol{n} \cdot \boldsymbol{i} \, \mathrm{d}\sigma = I$$

$i=2$ の場合は,M_2 上で電流が存在しないから

$$\int_C \boldsymbol{B} \cdot \boldsymbol{t} \, \mathrm{d}s = -\mu_0 \epsilon_0 \int_{M_2} \frac{\partial \boldsymbol{E}}{\partial t} \cdot \boldsymbol{n} \, \mathrm{d}\sigma$$

この右辺をさらに計算する.M_1 上に変位電流が存在しないから,$M = M_1 \cup M_2$ とするとき

$$\begin{aligned}
-\mu_0 \epsilon_0 \int_{M_2} \frac{\partial \boldsymbol{E}}{\partial t} \mathrm{d}\sigma &= -\mu_0 \epsilon_0 \int_M \frac{\partial \boldsymbol{E}}{\partial t} \cdot \boldsymbol{n} \, \mathrm{d}\sigma = -\mu_0 \epsilon_0 \frac{\partial}{\partial t} \int_M \boldsymbol{E} \cdot \boldsymbol{n} \, \mathrm{d}\sigma \\
&= -\mu_0 \epsilon_0 \frac{\partial}{\partial t} \int_D \mathrm{div} \, \boldsymbol{E} \, \mathrm{d}\boldsymbol{x} = -\mu_0 \frac{\partial}{\partial t} \int_D \rho \, \mathrm{d}\boldsymbol{x} \\
&= -\mu_0 \int_D \frac{\partial \rho}{\partial t} \, \mathrm{d}\boldsymbol{x} = \mu_0 \int_D \mathrm{div} \, \boldsymbol{i} \, \mathrm{d}\boldsymbol{x} \\
&= \mu_0 \int_M \boldsymbol{i} \cdot \boldsymbol{n} \, \mathrm{d}\sigma = \mu_0 \int_{M_1} \boldsymbol{i} \cdot \boldsymbol{n} \, \mathrm{d}\sigma = I
\end{aligned}$$

ここで,V は M の内部である.今の式の変形で,連続の方程式とガウスの発散定理を 2 回使った.こうして,$i=1,2$ の場合に同じ値 I を得るから矛盾が生じないことがわかる. □

静電場の法則の 1 つである $\mathrm{rot} \, \boldsymbol{E} = 0$ を一般化した方程式

$$\mathrm{rot} \, \boldsymbol{E} + \frac{\partial \boldsymbol{B}}{\partial t} = 0 \qquad (3.3)$$

は,ファラデーの**誘導法則**とよばれる.この法則は,磁場の時間変化が電場を発生させることを意味しており,ファラデーによるつぎのような観察に基づいている(1831 年).

(1) 2 組のコイルの一方に電流を流し,その強さを変化させたとき,他方のコイルに(電池のような起電力がないにもか

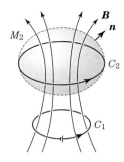

図 3.2 レンツの法則

かわらず)電流が生じる.

(2) 2組のコイルの一方に一定の電流を流し,他方のコイルを動かしたときに電流が生じる.
(3) 1つのコイルのそばで磁石を動かしたときに,電流が生じる.

さらに,精密な観察を行うことにより,コイルに発生する起電力は,このコイルを切る磁場(磁束)の時間的変化の割合に比例(ただし負の比例定数をもつ)することが確かめられ,これを数式で表わしたのがレンツの法則とよばれるものである.図 3.2 により,これを説明しよう.

C_2 に起こる起電力(本講座「物の理・数の理 2」3.4 節の例 6)は $\int_{C_2} \boldsymbol{E}(s,t) \cdot \boldsymbol{t} \, \mathrm{d}s$ であり,C_2 を切る磁束(本講座「物の理・数の理 2」3.4 節の例 4)の時間的変化の割合は $\dfrac{\mathrm{d}}{\mathrm{d}t} \int_{M_2} \boldsymbol{B}(t,\boldsymbol{x}) \cdot \boldsymbol{n} \, \mathrm{d}\sigma$ である.よって,レンツの法則は

$$\int_{C_2} \boldsymbol{E}(s,t) \cdot \boldsymbol{t} \, \mathrm{d}s = -\frac{\mathrm{d}}{\mathrm{d}t} \int_{M_2} \boldsymbol{B}(t,\boldsymbol{x}) \cdot \boldsymbol{n} \, \mathrm{d}\sigma \qquad (3.4)$$

と表わされる(比例定数が -1 であることは,実験によって確かめられる).いま,コイル C_2 を固定し,その中に生じる起電力を考えたが,ファラデーは導線のあるなしにかかわらず電場が

空間内に生じ，この電場の中にコイルが置かれると(3.4)が成り立つと考えた．これを認めると，C_2 は空間内に任意にとった閉曲線であり，M_2 は C_2 を境界とする任意の曲面である．(古典的な)ストークスの定理により，(3.4)の左辺は $\int_{M_2} \mathrm{rot}\, \boldsymbol{E} \cdot \boldsymbol{n}\, \mathrm{d}\sigma$ に等しく，右辺は $-\int_{M_2} \dfrac{\partial}{\partial t} \boldsymbol{B}(t, \boldsymbol{x}) \cdot \boldsymbol{n}\, \mathrm{d}\sigma$ に等しい．よって

$$\int_{M_2} \left(\mathrm{rot}\, \boldsymbol{E} + \dfrac{\partial}{\partial t} \boldsymbol{B}\right) \cdot \boldsymbol{n}\, \mathrm{d}\sigma = 0$$

がすべての曲面 M_2 に対して成り立つことになる．この結果，ファラデーの誘導法則(3.3)が得られたことになる．

■3.2 電磁場の運動量とエネルギー

ボルツマンがいみじくもいったように，「(ヘルツが整理した)マクスウェルの方程式は神の作った芸術品」と思われるほど，その形は美しい(この美しさは，座標系によらない表現を行うことによりさらに極まることになる：4.1 節)．しかし，いかに人の美意識をくすぐろうと，もしそれが数学的な式にとどまっているのなら，電磁場は数学の虚構の上に存在しているということになりかねない．実際，「目に見えない」電磁場が「実在」として受け入れられるには，物理の歴史上相当の時間を要したのである．そこで，電磁場の「実在性」を確認するため，運動する電荷系に対する運動量保存則とエネルギー保存則について調べよう．歴史的には，電磁場の波動である光波が運動量をもち，それが物体に衝突したときに圧力を生じることが確かめられたのは，1899 年である(レベデフの実験)．

　質量測度 m をもつ電荷系 (V, e) の，内部相互作用の下での運

動 $x(t,\cdot)$ を考える.e は電荷測度である.その電荷密度 $\rho(t,\cdot)$ を下で述べる質量密度と区別するため,改めて $\rho_\mathrm{e}(t,\cdot)$ により表わし,電流密度を $i(t,\cdot)$ とする.マクスウェルの方程式に従って引き起こされる電場 $\boldsymbol{E}$ と磁場 $\boldsymbol{B}$ を考えるとき,この電場と磁場が生じるローレンツの力に対する力の密度関数は $\rho_\mathrm{e}\boldsymbol{E}+\boldsymbol{i}\times\boldsymbol{B}$ により与えられる.これと,質点系 (V,m) が引き起こす重力の密度 $\rho_\mathrm{g}\boldsymbol{G}$ の和 $\boldsymbol{f}=\rho_\mathrm{e}\boldsymbol{E}+\boldsymbol{i}\times\boldsymbol{B}+\rho_\mathrm{g}\boldsymbol{G}$ が内部相互作用(力)の密度である.ただし,$\rho_\mathrm{g}(t,\boldsymbol{x})$ は (V,m) の時刻 t の位置 $\boldsymbol{x}(t,\cdot)$ における質量密度を表わす.この内部相互作用の下での質点系 (V,m) の運動を考える.T をエネルギー運動量テンソルとするとき,質量の流れの密度(運動量密度)$\boldsymbol{U}$ は

$$\frac{\partial \boldsymbol{U}}{\partial t} = \boldsymbol{f} - \mathrm{div}\, T$$

を満たしていた(本講座「物の理・数の理1」5.3節の例題5.15).1.2節の例1で述べたように,$\boldsymbol{f}$ の中の重力場の寄与の部分 $\rho_\mathrm{g}\boldsymbol{G}$ に対しては,ある対称テンソル $T_\mathrm{g}=(T_\mathrm{g})_{ij}$ により $\rho_\mathrm{g}\boldsymbol{G}=\mathrm{div}\, T_\mathrm{g}$ と表わすことができる.$\rho_\mathrm{e}\boldsymbol{E}+\boldsymbol{i}\times\boldsymbol{B}$ に対しては,マクスウェルの方程式を使えば

$$\begin{aligned}
&\rho_\mathrm{e}\boldsymbol{E}+\boldsymbol{i}\times\boldsymbol{B}\\
&= \epsilon_0(\mathrm{div}\,\boldsymbol{E})\boldsymbol{E}+\mu_0^{-1}(\mathrm{rot}\,\boldsymbol{B})\times\boldsymbol{B}-\epsilon_0\frac{\partial \boldsymbol{E}}{\partial t}\times\boldsymbol{B}\\
&= \epsilon_0\bigl[(\mathrm{div}\,\boldsymbol{E})\boldsymbol{E}-\boldsymbol{E}\times(\mathrm{rot}\,\boldsymbol{E})\bigr]\\
&\quad +\mu_0^{-1}\bigl[(\mathrm{div}\,\boldsymbol{B})\boldsymbol{B}-\boldsymbol{B}\times(\mathrm{rot}\,\boldsymbol{B})\bigr]-\epsilon_0\frac{\partial}{\partial t}(\boldsymbol{E}\times\boldsymbol{B})
\end{aligned}$$

を得るが,演習問題1.4の結果により,ベクトル

$$\epsilon_0\bigl[(\mathrm{div}\,\boldsymbol{E})\boldsymbol{E}-\boldsymbol{E}\times(\mathrm{rot}\,\boldsymbol{E})\bigr]+\mu_0^{-1}\bigl[(\mathrm{div}\,\boldsymbol{B})\boldsymbol{B}-\boldsymbol{B}\times(\mathrm{rot}\,\boldsymbol{B})\bigr]$$

は，ある対称テンソル $T_{\mathrm{e,m}}=(T_{\mathrm{e,g}})_{ij}$ により $\mathrm{div}\, T_{\mathrm{e,m}}$ と表わすことができる．よって，

$$\boldsymbol{U}_{\mathrm{e,m}}(t,\boldsymbol{x}) = \epsilon_0 \boldsymbol{E}(t,\boldsymbol{x}) \times \boldsymbol{B}(t,\boldsymbol{x})$$

と置き，すべてをあわせれば

$$\frac{\partial}{\partial t}(\boldsymbol{U}+\boldsymbol{U}_{\mathrm{e,m}}) = \mathrm{div}\,(T_{\mathrm{g}}+T_{\mathrm{e,m}}-T)$$

が得られる．とくに両辺を $\mathbb{R}^3$ 上で積分すれば，（積分に意味があれば）

$$\frac{\mathrm{d}}{\mathrm{d}t}\int_{\mathbb{R}^3}(\boldsymbol{U}+\boldsymbol{U}_{\mathrm{e,m}})\,\mathrm{d}\boldsymbol{x} = 0$$

となる．これが，**電磁場に対する運動量保存則**である．

$$\int_{\mathbb{R}^3}\boldsymbol{U}(t,\boldsymbol{x})\,\mathrm{d}\boldsymbol{x} = \int_V \dot{\boldsymbol{x}}(t,x)\,\mathrm{d}m(x)$$

は通常の運動量であることに注意．この式をふまえて，$\boldsymbol{U}_{\mathrm{e,m}}$ を**電磁場の運動量密度**とよぶ．**ポインティング・ベクトル**とよばれるベクトル

$$\boldsymbol{S}(t,\boldsymbol{x}) = \mu_0^{-1}\boldsymbol{E}(t,\boldsymbol{x})\times\boldsymbol{B}(t,\boldsymbol{x})$$

を使えば，$\boldsymbol{U}_{\mathrm{e,m}}=\epsilon_0\mu_0 \boldsymbol{S}$ と表わされる．

つぎにエネルギー保存則を調べよう．ニュートンの運動方程式

$$\ddot{\boldsymbol{x}}(t,x)\,\mathrm{d}m(x) = \big[\boldsymbol{E}(\boldsymbol{x}(t,x))+\dot{\boldsymbol{x}}(t,x)\times\boldsymbol{B}(\boldsymbol{x}(t,x))\big]\mathrm{d}q(x)$$
$$+\boldsymbol{G}(\boldsymbol{x}(t,x))\,\mathrm{d}m(x)$$

の両辺に $\dot{\boldsymbol{x}}(t,x)$ を内積させれば

$$\frac{\mathrm{d}}{\mathrm{d}t}\frac{1}{2}\|\dot{\boldsymbol{x}}(t,x)\|^2 \mathrm{d}m(x)$$
$$= \boldsymbol{E}(\boldsymbol{x}(t,x))\cdot\dot{\boldsymbol{x}}(t,x)\ \mathrm{d}q(x)+\dot{\boldsymbol{x}}(t,x)\cdot\boldsymbol{G}(\boldsymbol{x}(t,x))\ \mathrm{d}m(x)$$
$$= \boldsymbol{E}(\boldsymbol{x}(t,x))\cdot\dot{\boldsymbol{x}}(t,x)\ \mathrm{d}q(x)-\frac{\mathrm{d}}{\mathrm{d}t}u(\boldsymbol{x}(t,x))\ \mathrm{d}m(x)$$

を得る．ここで，試料関数 $h(\boldsymbol{x})$ をとり，上式の両辺に $h(\boldsymbol{x}(t,x))$ を掛けて積分する．まず左辺については

$$\int_V \Big(\frac{\mathrm{d}}{\mathrm{d}t}\frac{1}{2}\|\dot{\boldsymbol{x}}(t,x)\|^2\Big)h(\boldsymbol{x}(t,x))\ \mathrm{d}m(x)$$
$$= \frac{\mathrm{d}}{\mathrm{d}t}\int_V \frac{1}{2}\|\dot{\boldsymbol{x}}(t,x)\|^2 h(\boldsymbol{x}(t,x))\ \mathrm{d}m(x)$$
$$\quad - \int_V \frac{1}{2}\|\dot{\boldsymbol{x}}(t,x)\|^2 \big(\dot{\boldsymbol{x}}(t,x)\cdot(\mathrm{grad}\ h)(\boldsymbol{x}(t,x))\big)\ \mathrm{d}m(x)$$
$$= \frac{\mathrm{d}}{\mathrm{d}t}\int_{\mathbb{R}^3}\mathcal{E}(t,\boldsymbol{x})h(\boldsymbol{x})\ \mathrm{d}\boldsymbol{x} + \frac{1}{2}\int_{\mathbb{R}^3}\sum_{i,j=1}^{3}\frac{\partial V_{iij}}{\partial x_j}h(\boldsymbol{x})\ \mathrm{d}\boldsymbol{x}$$

を得る．ここで $\mathcal{E}(t,\boldsymbol{x})$ を運動エネルギー密度とする(本講座「物の理・数の理 1」5.3 節)．さらに $V_{ijk}(t,\boldsymbol{x})$ は

$$\int_V \dot{x}_i(t,x)\dot{x}_j(t,x)\dot{x}_k(t,x)h(\boldsymbol{x}(t,x))\ \mathrm{d}m(x)$$
$$= \int_{\mathbb{R}^3} V_{ijk}(t,\boldsymbol{x})h(\boldsymbol{x})\ \mathrm{d}\boldsymbol{x}$$

により特徴付けられる対称テンソルである．ここで

$$\boldsymbol{V}=(V_1,V_2,V_3),\quad V_j=\frac{1}{2}\sum_{i=1}^{3}V_{iij}\quad (j=1,2,3)$$

と置くことにしよう．

ところで右辺の第 1 項については，電流密度の定義から

$$\int_V \boldsymbol{E}(\boldsymbol{x}(t,x))\cdot\dot{\boldsymbol{x}}(t,x)h(\boldsymbol{x}(t,x))\ \mathrm{d}q(x)$$
$$= \int_{\mathbb{R}^3}\big(\boldsymbol{E}(t,\boldsymbol{x})\cdot\boldsymbol{i}(t,\boldsymbol{x})\big)h(\boldsymbol{x})\ \mathrm{d}\boldsymbol{x}$$

を得る．右辺の第 2 項については
$$
\begin{aligned}
&\int_V \Big(\frac{\mathrm{d}}{\mathrm{d}t}u(\boldsymbol{x}(t,x))\Big)h(\boldsymbol{x}(t,x))\,\mathrm{d}m(x)\\
&= \frac{\mathrm{d}}{\mathrm{d}t}\int_V u(\boldsymbol{x}(t,x))h(\boldsymbol{x}(t,x))\,\mathrm{d}m(x)\\
&\quad -\int_V u(\boldsymbol{x}(t,x))\big(\dot{\boldsymbol{x}}(t,x)\cdot(\mathrm{grad}\,h)(\boldsymbol{x}(t,x))\big)\,\mathrm{d}m(x)\\
&= \frac{\mathrm{d}}{\mathrm{d}t}\int_{\mathbb{R}^3}\rho_\mathrm{g}(t,\boldsymbol{x})u(\boldsymbol{x})h(\boldsymbol{x})\,\mathrm{d}\boldsymbol{x}\\
&\quad -\int_{\mathbb{R}^3}u(\boldsymbol{x})\big(\boldsymbol{U}(t,\boldsymbol{x})\cdot(\mathrm{grad}\,h)(\boldsymbol{x})\big)\,\mathrm{d}\boldsymbol{x}\\
&= \frac{\mathrm{d}}{\mathrm{d}t}\int_{\mathbb{R}^3}\rho_\mathrm{g}(t,\boldsymbol{x})u(\boldsymbol{x})h(\boldsymbol{x})\,\mathrm{d}\boldsymbol{x}-\int_{\mathbb{R}^3}(\mathrm{div}\,u\boldsymbol{U})(t,\boldsymbol{x})h(\boldsymbol{x})\,\mathrm{d}\boldsymbol{x}
\end{aligned}
$$
となる．よって，
$$
\begin{aligned}
&\frac{\partial}{\partial t}\big[\mathcal{E}(t,\boldsymbol{x})+\rho_\mathrm{g}(t,\boldsymbol{x})u(\boldsymbol{x})\big]\\
&\quad = \boldsymbol{E}(t,\boldsymbol{x})\cdot\boldsymbol{i}(t,\boldsymbol{x})-(\mathrm{div}\,\boldsymbol{V})(t,\boldsymbol{x})-(\mathrm{div}\,u\boldsymbol{U})(t,\boldsymbol{x})
\end{aligned}
$$
を得る．この右辺の第 1 項をさらに計算するため，マクスウェルの方程式を使って，電流密度を消去すれば
$$
\begin{aligned}
\boldsymbol{E}\cdot\boldsymbol{i} &= \boldsymbol{E}\cdot\Big(\mu_0^{-1}\mathrm{rot}\,\boldsymbol{B}-\epsilon_0\frac{\partial \boldsymbol{E}}{\partial t}\Big)\\
&= \mu_0^{-1}(\mathrm{rot}\,\boldsymbol{B})\cdot\boldsymbol{E}-\frac{\epsilon_0}{2}\frac{\partial}{\partial t}\|\boldsymbol{E}\|^2
\end{aligned}
$$
ここで $\mathrm{div}\,(\boldsymbol{E}\times\boldsymbol{B})=\boldsymbol{B}\cdot\mathrm{rot}\,\boldsymbol{E}-\boldsymbol{E}\cdot\mathrm{rot}\,\boldsymbol{B}$（本講座「物の理・数の理 1」演習問題 4.2(3)）を使えば，
$$
\begin{aligned}
\boldsymbol{E}\cdot\boldsymbol{i} &= \mu_0^{-1}\big(\boldsymbol{B}\cdot\mathrm{rot}\,\boldsymbol{E}-\mathrm{div}\,(\boldsymbol{E}\times\boldsymbol{B})\big)-\frac{\epsilon_0}{2}\frac{\partial}{\partial t}\|\boldsymbol{E}\|^2\\
&= -\mu_0^{-1}\Big(\boldsymbol{B}\cdot\frac{\partial \boldsymbol{B}}{\partial t}+\mathrm{div}\,(\boldsymbol{E}\times\boldsymbol{B})\Big)-\frac{\epsilon_0}{2}\frac{\partial}{\partial t}\|\boldsymbol{E}\|^2\\
&= -\frac{\partial}{\partial t}\frac{1}{2\mu_0}\big(\|\boldsymbol{B}\|^2+\mu_0\epsilon_0\|\boldsymbol{E}\|^2\big)-\mathrm{div}\,\boldsymbol{S}
\end{aligned}
$$
となる．よって

$$\mathcal{E}_{\mathrm{e,m}} = \frac{1}{2\mu_0}\left(\|\boldsymbol{B}\|^2 + \mu_0\epsilon_0\|\boldsymbol{E}\|^2\right)$$

と置けば，

$$\frac{\partial}{\partial t}\left(\mathcal{E}+\rho_{\mathrm{g}}u+\mathcal{E}_{\mathrm{e,m}}\right) = -\mathrm{div}\left(\boldsymbol{V}+u\boldsymbol{U}+\boldsymbol{S}\right)$$

が成り立ち，この両辺を $\mathbb{R}^3$ 上で積分すれば

$$\frac{\mathrm{d}}{\mathrm{d}t}\int_{\mathbb{R}^3}\left(\mathcal{E}+\rho_{\mathrm{g}}u+\mathcal{E}_{\mathrm{e,m}}\right)\mathrm{d}\boldsymbol{x} = 0$$

が得られる．これが**電磁場に対するエネルギー保存則**である．積分 $\int_{\mathbb{R}^3}(\mathcal{E}+\rho_{\mathrm{g}}u)\mathrm{d}\boldsymbol{x}$ は重力のみが内部相互作用の場合の力学的エネルギー（運動エネルギーとポテンシャル・エネルギーの和）であることに注意．このことから，$\mathcal{E}_{\mathrm{e,m}}$ を**電磁場のエネルギー密度**とよぶ．

> **演習問題 3.1** 電荷系の運動が領域 D の内部で行われるとき，つぎのことを示せ．
> (1) $-\dfrac{\mathrm{d}}{\mathrm{d}t}\int_D \mathcal{E}_{\mathrm{e,m}}\,\mathrm{d}\boldsymbol{x} = \int_D \boldsymbol{E}\cdot\boldsymbol{i}\,\mathrm{d}\boldsymbol{x} + \int_{\partial D}\boldsymbol{S}\cdot\boldsymbol{n}\,\mathrm{d}\sigma$．この式の右辺の第1項は**ジュール熱**（量）である（本講座「物の理・数の理 2」例題 3.22）．第2項は，境界 ∂D を通過して，系外に単位時間の間に流出する電磁場のエネルギーと解釈される．
> (2) $-\dfrac{\mathrm{d}}{\mathrm{d}t}\int_D (\mathcal{E}+\rho_{\mathrm{g}}u+\mathcal{E}_{\mathrm{e,m}})\mathrm{d}\boldsymbol{x} = \int_{\partial D}\boldsymbol{S}(t,\boldsymbol{x})\cdot\boldsymbol{n}\,\mathrm{d}\sigma$．すなわち，$D$ 内の全エネルギーの単位時間あたりの減少量は，単位時間にこの体系外へ境界 ∂D を通って流出する電磁場のエネルギーの量に等しい．

後でみるように，運動する電荷系は電磁波を放射し，エネルギー保存則により力学的エネルギーが減少する．この事実は，物質のミクロのレベルでは極めて重大な矛盾を引き起こすことになる．

例題 3.2 $\mathbb{R}^3$ の滑らかな境界をもつ有界領域 D の中が真空として，そこに電磁場が閉じ込められているとする．電磁場の運動量密度が境界 ∂D に接しているとき(すなわち，∂D 上で $(\boldsymbol{E}\times\boldsymbol{B})\cdot\boldsymbol{n}=0$ となるとき)，D 内の電磁場の全エネルギーは時間によらず一定であることを示せ．

【解】 $\int_D (\|\boldsymbol{E}\|^2 + c^{-2}\|\boldsymbol{B}\|^2) \mathrm{d}\boldsymbol{x}$ が一定であることを示せばよい．ガウスの発散定理を利用すれば

$$\frac{1}{2}\frac{\mathrm{d}}{\mathrm{d}t}\int_D (\|\boldsymbol{E}\|^2+c^{-2}\|\boldsymbol{B}\|^2)\,\mathrm{d}\boldsymbol{x} = \int_D \left(\boldsymbol{B}\cdot\frac{\partial \boldsymbol{B}}{\partial t}+c^{-2}\boldsymbol{E}\cdot\frac{\partial \boldsymbol{E}}{\partial t}\right)\mathrm{d}\boldsymbol{x}$$
$$= \int_D (-\boldsymbol{B}\cdot\mathrm{rot}\,\boldsymbol{E}+\boldsymbol{E}\cdot\mathrm{rot}\,\boldsymbol{B})\,\mathrm{d}\boldsymbol{x} = \int_D \mathrm{div}\,(\boldsymbol{B}\times\boldsymbol{E})\,\mathrm{d}\boldsymbol{x}$$
$$= \int_{\partial D} (\boldsymbol{B}\times\boldsymbol{E})\cdot\boldsymbol{n}\,\mathrm{d}\sigma = 0 \qquad \Box$$

3.3 電磁波

マクスウェルの方程式の解である電磁場を**電磁波**ともいう．ここで「波」という言葉が使われる理由は，マクスウェルの方程式がつぎの3次元**波動方程式**と密接に関連しているからである．

$$\left(\frac{\partial^2}{\partial t^2} - c^2\Delta\right)u = f$$

ここで，$c^2 = 1/\epsilon_0\mu_0$ とする．

これを説明するため準備を行う．$\mathrm{div}\,\boldsymbol{B}=0$ であるから，ポアンカレの補題により，$\boldsymbol{B}=\mathrm{rot}\,\boldsymbol{A}$ を満たすベクトル場 $\boldsymbol{A}$ が存在する．さらに

$$\mathrm{rot}\left(\boldsymbol{E}+\frac{\partial \boldsymbol{A}}{\partial t}\right) = \mathrm{rot}\,\boldsymbol{E}+\frac{\partial \boldsymbol{B}}{\partial t} = 0$$

であるから，再びポアンカレの補題により，

$$\boldsymbol{E}+\frac{\partial \boldsymbol{A}}{\partial t} = -\mathrm{grad}\,\phi$$

を満たす関数 ϕ が存在する．$\boldsymbol{A}$ と ϕ の組 $(\boldsymbol{A},\phi)$ を**電磁ポテン**

シャルという．さらに，ϕ を電磁場に対するスカラー・ポテンシャル，$\boldsymbol{A}$ をベクトル・ポテンシャルという．電磁ポテンシャルのとり方にはつぎのような任意性がある．任意関数 χ について

$$\boldsymbol{A}_1 = \boldsymbol{A} + \operatorname{grad} \chi, \quad \phi_1 = \phi - \frac{\partial \chi}{\partial t} \tag{3.5}$$

と置くと（grad は (x_1, x_2, x_3) に関する勾配である），$\boldsymbol{B} = \operatorname{rot} \boldsymbol{A}_1$ および $\boldsymbol{E} + \dfrac{\partial \boldsymbol{A}_1}{\partial t} = -\operatorname{grad} \phi_1$ となることが確かめられる．(3.5)のような仕方で $(\boldsymbol{A}, \phi)$ に $(\boldsymbol{A}_1, \phi_1)$ を対応させる変換を**ゲージ変換**という．

ここで χ をうまく選べば，$(\boldsymbol{A}_1, \phi_1)$ が

$$\operatorname{div} \boldsymbol{A}_1 + c^{-2} \frac{\partial \phi_1}{\partial t} = 0 \tag{3.6}$$

を満たすようにできる．実際，

$$\left(\frac{\partial^2 \chi}{\partial t^2} - c^2 \Delta \right) \chi = c^2 \operatorname{div} \boldsymbol{A} + \frac{\partial \phi}{\partial t} \tag{3.7}$$

を満たす χ をとればよい（この方程式は波動方程式であり，これに解があることは後で説明する）．

(3.6)を満たす電磁ポテンシャル $\omega_1 = (\boldsymbol{A}_1, \phi_1)$ を**ローレンツ・ゲージ**という．

改めて $(\boldsymbol{A}, \phi)$ をローレンツ・ゲージとする．この電磁ポテンシャルを使ってマクスウェルの方程式を表わそう．まず

$$\boldsymbol{E} = -\frac{\partial \boldsymbol{A}}{\partial t} - \operatorname{grad} \phi \tag{3.8}$$

であるから，これを $\epsilon_0 \operatorname{div} \boldsymbol{E} = \rho(\boldsymbol{x}, t)$ に代入する．ローレンツ・ゲージの条件 $\operatorname{div} \boldsymbol{A} = -c^{-2} \dfrac{\partial \phi}{\partial t}$ に注意すれば

$$\left(\frac{\partial^2}{\partial t^2} - c^2 \Delta\right)\phi = \epsilon_0^{-2}\mu_0^{-1}\rho$$

を得る.他方,$\mu_0^{-1}\mathrm{rot}\, \boldsymbol{B} - \epsilon_0 \dfrac{\partial \boldsymbol{E}}{\partial t} = \boldsymbol{i}$ に $\boldsymbol{B} = \mathrm{rot}\, \boldsymbol{A}$ および(3.8)を代入すれば,

$$\mu_0^{-1}\mathrm{rot}\,(\mathrm{rot}\, \boldsymbol{A}) - \epsilon_0\left(-\frac{\partial^2 \boldsymbol{A}}{\partial t^2} - \mathrm{grad}\,\frac{\partial \phi}{\partial t}\right) = \boldsymbol{i}$$

となるが,$\mathrm{rot}\,(\mathrm{rot}\, \boldsymbol{A}) = \mathrm{grad}\,(\mathrm{div}\, \boldsymbol{A}) - \Delta \boldsymbol{A}$ であることと(本講座「物の理・数の理1」演習問題4.2(2)),再度 $\mathrm{div}\, \boldsymbol{A} = -c^{-2}\dfrac{\partial \phi}{\partial t}$ を適用して

$$\left(\frac{\partial^2}{\partial t^2} - c^2 \Delta\right)\boldsymbol{A} = \epsilon_0^{-1}\boldsymbol{i}$$

を得る.まとめれば,つぎの連立微分方程式が得られる.

$$\begin{cases} \left(\dfrac{\partial^2}{\partial t^2} - c^2 \Delta\right)\phi = \epsilon_0^{-2}\mu_0^{-1}\rho \\ \left(\dfrac{\partial^2}{\partial t^2} - c^2 \Delta\right)\boldsymbol{A} = \epsilon_0^{-1}\boldsymbol{i} \\ \mathrm{div}\, \boldsymbol{A} + c^{-2}\dfrac{\partial \phi}{\partial t} = 0 \quad (\text{ローレンツの条件}) \end{cases} \quad (3.9)$$

これを解くことができれば,$\boldsymbol{E} = -\dfrac{\partial \boldsymbol{A}}{\partial t} - \mathrm{grad}\, \phi$,$\boldsymbol{B} = \mathrm{rot}\, \boldsymbol{A}$ と置くことにより,マクスウェル方程式の解が得られる.

例題 3.3 一般に,$f(t, \boldsymbol{x})$ が与えられたとき,波動方程式

$$\frac{\partial^2 u}{\partial t^2} - c^2 \Delta u = f \quad (3.10)$$

の,初期条件 $u(0, \boldsymbol{x}) = u_0(\boldsymbol{x})$,$\dfrac{\partial u}{\partial t}(0, \boldsymbol{x}) = u_1(\boldsymbol{x})$ の下での(一意的な)解は

$$\begin{aligned} u(t, \boldsymbol{x}) &= \frac{1}{4\pi c^2}\int_{B(\boldsymbol{x}, ct)} \frac{f(t - \|\boldsymbol{x}-\boldsymbol{y}\|/c, \boldsymbol{y})}{\|\boldsymbol{x}-\boldsymbol{y}\|}\mathrm{d}\boldsymbol{y} \\ &\quad + \frac{1}{4\pi c^2 t}\int_{S(\boldsymbol{x}, ct)} u_1(\boldsymbol{y})\,\mathrm{d}\sigma(\boldsymbol{y}) \\ &\quad + \frac{1}{4\pi c^2}\frac{\partial}{\partial t}\frac{1}{t}\int_{S(\boldsymbol{x}, ct)} u_0(\boldsymbol{y})\,\mathrm{d}\sigma(\boldsymbol{y}) \end{aligned} \quad (3.11)$$

により与えられることを示せ. ここで, $B(\boldsymbol{x},r)=\{\boldsymbol{y}\in\mathbb{R}^3;\ \|\boldsymbol{y}-\boldsymbol{x}\|\leq r\}$, $S^2(\boldsymbol{x},r)=\{\boldsymbol{y}\in\mathbb{R}^3;\ \|\boldsymbol{y}-\boldsymbol{x}\|=r\}$ である.

【解】 u, f, u_0, u_1 の変数 $\boldsymbol{x}$ に関するフーリエ変換について(もし意味があれば), つぎの式が成り立つ.

$$\left(\frac{\mathrm{d}^2}{\mathrm{d}t^2}+c^2\|\xi\|^2\right)\hat{u}(t,\xi) = \hat{f}(t,\xi),$$
$$\hat{u}(0,\xi) = \hat{u}_0(\xi), \quad \frac{\mathrm{d}\hat{u}}{\mathrm{d}t}(0,\xi) = u_1(\xi)$$

この微分方程式の解は, 本講座「物の理・数の理 1」例題 3.10 によりつぎのように与えられる.

$$\hat{u}(t,\xi) = \cos\left(c\|\xi\|t\right)\hat{u}_0(\xi) + \frac{\sin\left(c\|\xi\|t\right)}{c\|\xi\|}\hat{u}_1(\xi)$$
$$+ \int_0^t \frac{\sin\left(c\|\xi\|(t-s)\right)}{c\|\xi\|}\hat{f}(s,\xi)\,\mathrm{d}s$$

$\cos c\|\xi\|t = \frac{\mathrm{d}}{\mathrm{d}t}\frac{\sin c\|\xi\|t}{c\|\xi\|}$ に注意して, 両辺のフーリエ逆変換をとれば,

$$u(t,\boldsymbol{x}) = \frac{\mathrm{d}}{\mathrm{d}t}\mathcal{F}^{-1}\left(\frac{\sin c\|\xi\|t}{c\|\xi\|}\hat{u}_0(\xi)\right) + \mathcal{F}^{-1}\left(\frac{\sin c\|\xi\|t}{c\|\xi\|}\hat{u}_1(\xi)\right)$$
$$+ \int_0^t \mathcal{F}^{-1}\left(\frac{\sin\left(c\|\xi\|(t-s)\right)}{c\|\xi\|}\hat{f}(s,\xi)\right)\mathrm{d}s$$

を得る. ここで,

$$T_t(f) = \int_{S^2(ct)} f(\boldsymbol{x})\,\mathrm{d}\sigma(\boldsymbol{x})$$

と置けば, 本講座「物の理・数の理 1」例題 5.13 により

$$\mathcal{F}^{-1}\left(\frac{\sin c\|\xi\|t}{c\|\xi\|}\right) = (2\pi)^{3/2}\frac{1}{4\pi c^2 t}T_t$$

であるから, 本講座「物の理・数の理 1」課題 5.2 の(2)の結果を適用することにより,

$$u(t,\boldsymbol{x}) = \frac{\mathrm{d}}{\mathrm{d}t}\frac{1}{4\pi c^2 t}(T_t * u_0)(\boldsymbol{x}) + \frac{1}{4\pi c^2 t}(T_t * u_1)(\boldsymbol{x})$$
$$+ \frac{1}{4\pi c^2}\int_0^t \frac{1}{t-s}(T_{t-s} * f)(s,\boldsymbol{x})\,\mathrm{d}s$$

となる. T_t と合成積の定義から,

$$(T_t * v)(\boldsymbol{x}) = \int_{S^2(ct)} v(\boldsymbol{x}-\boldsymbol{y})\,\mathrm{d}\sigma(\boldsymbol{y}) = \int_{S^2(\boldsymbol{x})} v(\boldsymbol{y})\,\mathrm{d}\sigma(\boldsymbol{y})$$

であり,さらに

$$\begin{aligned}\int_0^t \mathrm{d}s \frac{1}{t-s}(T_{t-s}*f)(s,\boldsymbol{x})\,\mathrm{d}s &= \int_0^t \mathrm{d}s \int_{S^2(c(t-s))} \frac{f(s,\boldsymbol{x}-\boldsymbol{y})}{t-s}\mathrm{d}\sigma(\boldsymbol{y}) \\ &= \int_0^t \mathrm{d}s \int_{S^2(cs)} \frac{f(t-s,\boldsymbol{x}-\boldsymbol{y})}{s}\mathrm{d}\sigma(\boldsymbol{y}) \\ &= \int_0^{ct} \mathrm{d}r \int_{S^2(r)} \frac{f(t-r/c,\boldsymbol{x}-\boldsymbol{y})}{r}\mathrm{d}\sigma(\boldsymbol{y}) \\ &= \int_{B(\boldsymbol{0},ct)} \frac{f(t-\|\boldsymbol{y}\|/c,\boldsymbol{x}-\boldsymbol{y})}{\|\boldsymbol{y}\|}\mathrm{d}\boldsymbol{y} \\ &= \int_{B(\boldsymbol{x},ct)} \frac{f(t-\|\boldsymbol{x}-\boldsymbol{y}\|/c,\boldsymbol{y})}{\|\boldsymbol{x}-\boldsymbol{y}\|}\mathrm{d}\boldsymbol{y}\end{aligned}$$

であるから,主張が従う. □

上の例題の結果を用いれば,

$$\begin{aligned}\phi(t,\boldsymbol{x}) = &\frac{1}{4\pi\epsilon_0} \int_{B(\boldsymbol{x},ct)} \frac{\rho(t-\|\boldsymbol{x}-\boldsymbol{y}\|/c,\boldsymbol{y})}{\|\boldsymbol{x}-\boldsymbol{y}\|}\,\mathrm{d}\boldsymbol{y} \\ &+ \frac{1}{4\pi c^2 t} \int_{S(\boldsymbol{x},ct)} \phi_1(\boldsymbol{y})\,\mathrm{d}\sigma(\boldsymbol{y}) \\ &+ \frac{1}{4\pi c^2 t} \frac{\partial}{\partial t} \frac{1}{t} \int_{S(\boldsymbol{x},ct)} \phi_0(\boldsymbol{y})\,\mathrm{d}\sigma(\boldsymbol{y})\end{aligned}$$

が得られる.$\boldsymbol{A}$ についても同様である.とくに初期条件を 0 とした場合,

$$\phi(t,\boldsymbol{x}) = \frac{1}{4\pi\epsilon_0} \int_{B(\boldsymbol{x},ct)} \frac{\rho(t-\|\boldsymbol{x}-\boldsymbol{y}\|/c,\boldsymbol{y})}{\|\boldsymbol{x}-\boldsymbol{y}\|}\mathrm{d}\boldsymbol{y} \quad (3.12)$$

$$\boldsymbol{A}(t,\boldsymbol{x}) = \frac{\mu_0}{4\pi} \int_{B(\boldsymbol{x},ct)} \frac{\boldsymbol{i}(t-\|\boldsymbol{x}-\boldsymbol{y}\|/c,\boldsymbol{y})}{\|\boldsymbol{x}-\boldsymbol{y}\|}\mathrm{d}\boldsymbol{y} \quad (3.13)$$

は波動方程式の解であるが,この $(\boldsymbol{A},\phi)$ を**遅延電磁ポテンシャル**という.ここで「遅延」という言葉がつく理由は,時刻 $t>0$ における $\phi(t,\boldsymbol{x})$ および $\boldsymbol{A}(t,\boldsymbol{x})$ が,「前の時刻」$\tau = t - \dfrac{\|\boldsymbol{x}-\boldsymbol{y}\|}{c}$ に

おける球 $B(\boldsymbol{x}, ct)$ 内の「泉源」$\rho(t,\boldsymbol{x}), \boldsymbol{A}(t,\boldsymbol{x})$ の値によって完全に決まるからである(波動方程式の数学理論については, [5], [6]を参照せよ).

> **演習問題 3.2** 電荷密度 ρ と電流密度 $\boldsymbol{i}$ の台が,時間によらずに一定の有界領域に含まれるとする.このとき,遅延電磁ポテンシャルはローレンツ・ゲージとなることを示せ.
>
> 〔ヒント〕 t が十分に大きければ,(3.12),(3.13)の積分領域を $\mathbb{R}^3$ 全体とすることができる.後は,$\dfrac{\partial \phi}{\partial t}$ と div $\boldsymbol{A}$ を計算し,ローレンツの条件を $\rho, \boldsymbol{i}$ が満たす連続の方程式に帰着させる.一般の t に対しては,やはり連続の方程式を使って
> $$\left(\frac{\partial^2}{\partial t^2} - c^2 \Delta\right)\left(\text{div } \boldsymbol{A} + c^{-2}\frac{\partial \phi}{\partial t}\right) = 0$$
> を示し,後は初期条件に関する波動方程式の解の一意性を使って,ローレンツの条件が成り立つことを示す.

例1(電磁放射) 運動する点電荷は電磁場を引き起こす.この電磁場が放射するエネルギー(放射エネルギー)を計算しよう.電荷 e をもつ点電荷の運動が $\boldsymbol{x}(t)$ により与えられているとき,その電荷密度と電流密度はそれぞれ

$$\rho(t,\boldsymbol{x}) = e\delta(\boldsymbol{x} - \boldsymbol{x}(t)), \quad \boldsymbol{i}(t,\boldsymbol{x}) = e\delta(\boldsymbol{x} - \boldsymbol{x}(t))\dot{\boldsymbol{x}}(t)$$

である.以下,点電荷の運動は,原点を中心とする半径 R_0 の球の内部で行われ,$\|\dot{\boldsymbol{x}}\| < c$ と仮定する.$ct > \|\boldsymbol{x}\| + R_0$ であるとき,これらに対応する遅延電磁ポテンシャルは

$$\phi(t,\boldsymbol{x}) = \frac{e}{4\pi\epsilon_0} \frac{1}{\|\boldsymbol{x} - \boldsymbol{x}(\tau)\| - \dfrac{1}{c}\dot{\boldsymbol{x}}(\tau) \cdot (\boldsymbol{x} - \boldsymbol{x}(\tau))}$$

$$\boldsymbol{A}(t,\boldsymbol{x}) = \frac{\mu_0 e}{4\pi} \frac{\dot{\boldsymbol{x}}(\tau)}{\|\boldsymbol{x} - \boldsymbol{x}(\tau)\| - \dfrac{1}{c}\dot{\boldsymbol{x}}(\tau) \cdot (\boldsymbol{x} - \boldsymbol{x}(\tau))}$$

により与えられる.ここで,$\tau = \tau(t,\boldsymbol{x})$ は,

$$\tau = t - \frac{1}{c}\|\boldsymbol{x}-\boldsymbol{x}(\tau)\|$$

を解いて得られる $(t, \boldsymbol{x})$ の関数である．実際，ϕ については(3.12)を書き直して，

$$\phi(t,\boldsymbol{x}) = \frac{1}{4\pi\epsilon_0}\int_{\mathbb{R}} \mathrm{d}\tau \int_{\mathbb{R}^3} \frac{\rho(\tau,\boldsymbol{y})}{\|\boldsymbol{x}-\boldsymbol{y}\|}\delta\left(\tau-t+\frac{1}{c}\|\boldsymbol{x}-\boldsymbol{y}\|\right)\mathrm{d}\boldsymbol{y}$$

を得るが，これに $\rho(t,\boldsymbol{x}) = e\delta(\boldsymbol{x}-\boldsymbol{x}(t))$ を代入すれば，

$$\phi(t,\boldsymbol{x}) = \frac{e}{4\pi\epsilon_0}\int_{\mathbb{R}} \frac{\delta\left(\tau-t+\frac{1}{c}\|\boldsymbol{x}-\boldsymbol{x}(\tau)\|\right)}{\|\boldsymbol{x}-\boldsymbol{x}(\tau)\|}\,\mathrm{d}\tau$$

となる．ここで，変数変換 $u = \tau - t + \frac{1}{c}\|\boldsymbol{x}-\boldsymbol{x}(\tau)\|$ を行い，

$$\frac{\mathrm{d}u}{\mathrm{d}\tau} = 1 - \frac{1}{c}\frac{(\boldsymbol{x}-\boldsymbol{x}(\tau))\cdot\dot{\boldsymbol{x}}(\tau)}{\|\boldsymbol{x}-\boldsymbol{x}(\tau)\|} > 0$$

に注意すれば，

$$\begin{aligned}\phi(t,\boldsymbol{x}) &= \frac{e}{4\pi\epsilon_0}\int_{\mathbb{R}}\frac{\delta(u)}{\|\boldsymbol{x}-\boldsymbol{x}(\tau)\|}\frac{\mathrm{d}\tau}{\mathrm{d}u}\,\mathrm{d}u \\ &= \frac{e}{4\pi\epsilon_0}\int_{\mathbb{R}}\frac{\delta(u)}{\|\boldsymbol{x}-\boldsymbol{x}(\tau)\|-\frac{1}{c}(\boldsymbol{x}-\boldsymbol{x}(\tau))\cdot\dot{\boldsymbol{x}}(\tau)}\,\mathrm{d}u \\ &= \frac{e}{4\pi\epsilon_0}\frac{1}{\|\boldsymbol{x}-\boldsymbol{x}(\tau)\|-\frac{1}{c}\dot{\boldsymbol{x}}(\tau)\cdot(\boldsymbol{x}-\boldsymbol{x}(\tau))}\end{aligned}$$

$$\left(\tau = t - \frac{1}{c}\|\boldsymbol{x}-\boldsymbol{x}(\tau)\|\right)$$

が得られる．ベクトル・ポテンシャル $\boldsymbol{A}(t,\boldsymbol{x})$ についてもまったく同様である．

上で述べた $\tau = t - \frac{1}{c}\|\boldsymbol{x}-\boldsymbol{x}(\tau)\|$ がただ 1 つの解 τ をもつことは，$u = u(\tau)$ は τ の増加関数であり，$u(0) < 0$, $u(t) > 0$ であることから導かれることに注意しておく．

さて，遅延電磁ポテンシャルから $\boldsymbol{E} = -\frac{\partial \boldsymbol{A}}{\partial t} - \mathrm{grad}\,\phi$, $\boldsymbol{B} = \mathrm{rot}\,\boldsymbol{A}$ により電場 $\boldsymbol{E}$ と磁場 $\boldsymbol{B}$ を求めるのだが，以下，細かい計算は省略して，結果のみを記すことにする．ただ，計算にあたって必要となるつぎの式だけ挙げておこう．

$$f(t,\boldsymbol{x}) = \|\boldsymbol{x}-\boldsymbol{x}(\tau)\| - \frac{1}{c}\dot{\boldsymbol{x}}(\tau)\cdot(\boldsymbol{x}-\boldsymbol{x}(\tau)),$$
$$g(t,\boldsymbol{x}) = 1 + \frac{1}{c^2}\ddot{\boldsymbol{x}}(\tau)\cdot(\boldsymbol{x}-\boldsymbol{x}(\tau)) - \frac{1}{c^2}\|\dot{\boldsymbol{x}}(\tau)\|^2$$

と置くとき

$$\frac{\partial \tau}{\partial x_i} = -\frac{1}{c}\frac{x_i - x_i(\tau)}{f}, \qquad \frac{\partial \tau}{\partial t} = \frac{\|\boldsymbol{x}-\boldsymbol{x}(\tau)\|}{f},$$
$$\frac{\partial f}{\partial x_i} = \frac{x_i - x_i(\tau)}{f}g - \frac{1}{c}\dot{x}_i(\tau),$$
$$\frac{\partial f}{\partial t} = -\frac{1}{f}\dot{\boldsymbol{x}}(\tau)\cdot(\boldsymbol{x}-\boldsymbol{x}(\tau)) - \frac{1}{c}\frac{\|\boldsymbol{x}-\boldsymbol{x}(\tau)\|}{f}\ddot{\boldsymbol{x}}(\tau)\cdot(\boldsymbol{x}-\boldsymbol{x}(\tau))$$
$$+ \frac{1}{c}\frac{\|\boldsymbol{x}-\boldsymbol{x}(\tau)\|}{f}\|\dot{\boldsymbol{x}}(\tau)\|^2$$

が成り立つ．そこで $r = \|\boldsymbol{x}-\boldsymbol{x}(\tau)\|$, $\boldsymbol{e} = \dfrac{\boldsymbol{x}-\boldsymbol{x}(\tau)}{r}$ と置けば，

$$\boldsymbol{E}(t,\boldsymbol{x}) = -\frac{e}{4\pi\epsilon_0}r\left[\frac{1}{c^2 f^2}\ddot{\boldsymbol{x}}(\tau) + \frac{g}{cf^3}\dot{\boldsymbol{x}}(\tau) - \frac{g}{f^3}\boldsymbol{e}\right],$$
$$\boldsymbol{B}(t,\boldsymbol{x}) = -\frac{\mu_0 e}{4\pi}r\left[\frac{1}{cf^2}\boldsymbol{e}\times\ddot{\boldsymbol{x}}(\tau) + \frac{g}{f^3}\boldsymbol{e}\times\dot{\boldsymbol{x}}(\tau)\right]$$

が得られる．これが求める電磁場である．この式から，$\boldsymbol{e}\times\boldsymbol{E}=c\boldsymbol{B}$ となり，$\boldsymbol{B}$ は $\boldsymbol{e}$, $\boldsymbol{E}$ の双方に垂直である．$\boldsymbol{e}$ と $\boldsymbol{E}$ は垂直ではないが，

$$\boldsymbol{E}\cdot\boldsymbol{e} = \frac{e}{4\pi\epsilon_0}\frac{1}{r^2}\left(1-\frac{1}{c}\dot{\boldsymbol{x}}\cdot\boldsymbol{e}\right)^{-2}\left(1-\frac{\|\dot{\boldsymbol{x}}\|^2}{c^2}\right)$$

であり，$r\to\infty$ とした極限では垂直になっている．

> **演習問題 3.3** 上の例で，点電荷が周期 T の周期運動を行うとき，電磁場も時間変数に関して周期 T をもつことを示せ．
> 〔ヒント〕 $\tau(t+T,\boldsymbol{x}) = \tau(t,\boldsymbol{x})$ を示せばよい．

例題 3.4 上の例に関連して，原点を中心とする半径 R の球面 $S^2(R)$ を考え，単位時間当たりにこの球面を通過するエネルギー

$$P(t) = \int_{S^2(R)} \boldsymbol{S}\cdot\boldsymbol{n}\,\mathrm{d}\sigma$$

を考える（演習問題 3.1 参照）．ここで $\boldsymbol{S}=\mu_0^{-1}\boldsymbol{E}\times\boldsymbol{B}$ はポインティング・ベクトルである．$\tau_0 = t - R/c$ と置き，τ_0 があらかじめ与えられた区間の中に

あるように R, t を動かす. このとき, 任意の正数 ϵ に対して,

$$R > R_1, \ R_0 < \delta, \ \|\dot{\boldsymbol{x}}(\tau_0)\|/c < \delta \implies \left|P(t) - \frac{e^2\mu_0}{6\pi c}\|\ddot{\boldsymbol{x}}(\tau_0)\|\right| < \epsilon$$

となる R_1, δ が存在することを示せ. ただし, $\ddot{\boldsymbol{x}}(\tau_0) \neq \boldsymbol{0}$ とする.

【解】 まず, 任意の $\epsilon > 0$ に対して, R を十分大きくとれば $|R-r| < R_0 + \epsilon$ が成り立つことに注意. よって $\|\boldsymbol{x}\| = R$ のとき, $\tau = \tau(t, \boldsymbol{x})$ は $|\tau - \tau_0| < \dfrac{R_0 + \epsilon}{c}$ を満たす. 直交座標系 (x_1, x_2, x_3) を, 改めて $\ddot{\boldsymbol{x}}(\tau_0)$ が x_3 軸となるように選び直し, さらに極座標 $x_1 = R\sin\theta\cos\phi$, $y_2 = \sin\theta\sin\phi$, $y_3 = R\cos\theta$ を考えて,

$$P(t) = \int_0^\pi d\theta \int_0^{2\pi} d\phi \ R^2 \boldsymbol{S} \cdot \boldsymbol{n}$$

と表わす.

$$\boldsymbol{S}(t, \boldsymbol{x}) = \alpha \boldsymbol{e} + \beta \dot{\boldsymbol{x}}(\tau) + \gamma \ddot{\boldsymbol{x}}(\tau)$$

と置くとき,

$$\alpha = \frac{e^2}{16\pi^2\epsilon_0} \frac{r^2}{c^3 f^6} (f\ddot{\boldsymbol{x}} + cg\dot{\boldsymbol{x}}) \cdot (f\ddot{\boldsymbol{x}} + cg\dot{\boldsymbol{x}} - c^2 g\boldsymbol{e}),$$

$$\beta = \frac{e^2}{16\pi^2\epsilon_0} \frac{g}{r^4} \left(1 - \frac{1}{c}\dot{\boldsymbol{x}} \cdot \boldsymbol{e}\right)^{-5} \left(1 - \frac{\|\dot{\boldsymbol{x}}\|^2}{c^2}\right),$$

$$\gamma = \frac{e^2}{16\pi^2\epsilon_0} \frac{1}{cr^3} \left(1 - \frac{1}{c}\dot{\boldsymbol{x}} \cdot \boldsymbol{e}\right)^{-4} \left(1 - \frac{\|\dot{\boldsymbol{x}}\|^2}{c^2}\right)$$

により与えられる. 明らかに, R を十分大きくとれば, $\|R^2(\beta\dot{\boldsymbol{x}}(\tau) + \gamma\ddot{\boldsymbol{x}}(\tau))\|$ を小さくすることができる. さらに, R を大きくとり, $\|\dot{\boldsymbol{x}}(\tau_0)\|/c$ が小さければ, $R^2\alpha(\boldsymbol{e}\cdot\boldsymbol{n})$ は

$$\frac{e^2}{16\pi^2\epsilon_0 c^3} \ddot{\boldsymbol{x}} \cdot \left\{\ddot{\boldsymbol{x}} - (\ddot{\boldsymbol{x}} \cdot \boldsymbol{n})\boldsymbol{n}\right\} = \frac{e^2}{16\pi^2\epsilon_0 c^3} \|\ddot{\boldsymbol{x}}(\tau_0)\|^2 \sin^2\theta$$

により近似される. よって $P(t)$ は

$$\frac{e^2\mu_0}{16\pi^2 c} \int_0^\pi d\theta \int_0^{2\pi} d\phi \ \|\ddot{\boldsymbol{x}}(\tau_0)\|^2 \sin^3\theta = \frac{e^2\mu_0}{6\pi c}\|\ddot{\boldsymbol{x}}(\tau_0)\|^2$$

により近似される. ☐

例 2 これまで, マクスウェルの方程式の初期値問題を扱ってきたが, 電荷と電流が存在しない領域では, **平面波**とよばれる重要な解が存在する.

$\boldsymbol{E}_0, \boldsymbol{B}_0, \boldsymbol{k} \neq \boldsymbol{0}$ を定ベクトルとするとき

$$\boldsymbol{E}(\boldsymbol{x},t) = \boldsymbol{E}_0 \sin(\omega t - \boldsymbol{k}\cdot\boldsymbol{x}), \quad \boldsymbol{B}(\boldsymbol{x},t) = \boldsymbol{B}_0 \sin(\omega t - \boldsymbol{k}\cdot\boldsymbol{x}) \quad (3.14)$$

がマクスウェルの方程式の解であるための必要十分条件は $\omega\boldsymbol{B}_0 = \boldsymbol{k}\times\boldsymbol{E}_0$, $\omega\boldsymbol{E}_0 = -c^2\boldsymbol{k}\times\boldsymbol{B}_0$ である．実際，簡単な計算により，

$$\mathrm{div}\,\boldsymbol{E} = -\boldsymbol{E}_0\cdot\boldsymbol{k}\cos(\omega t-\boldsymbol{k}\cdot\boldsymbol{x}), \quad \mathrm{rot}\,\boldsymbol{E} = \boldsymbol{E}_0\times\boldsymbol{k}\cos(\omega t-\boldsymbol{k}\cdot\boldsymbol{x}),$$

$$\mathrm{div}\,\boldsymbol{B} = -\boldsymbol{B}_0\cdot\boldsymbol{k}\cos(\omega t-\boldsymbol{k}\cdot\boldsymbol{x}), \quad \mathrm{rot}\,\boldsymbol{B} = \boldsymbol{B}_0\times\boldsymbol{k}\cos(\omega t-\boldsymbol{k}\cdot\boldsymbol{x}),$$

$$\frac{\partial \boldsymbol{E}}{\partial t} = \boldsymbol{E}_0\omega\cos(\omega t-\boldsymbol{k}\cdot\boldsymbol{x}), \quad \frac{\partial \boldsymbol{B}}{\partial t} = \boldsymbol{B}_0\omega\cos(\omega t-\boldsymbol{k}\cdot\boldsymbol{x})$$

を得る．よって，$\mathrm{div}\,\boldsymbol{E}=0$, $\mathrm{div}\,\boldsymbol{B}=0$ は $\boldsymbol{k}$ が $\boldsymbol{E}$, $\boldsymbol{B}$ と直交していることと同値，また，$\mu_0^{-1}\mathrm{rot}\,\boldsymbol{B}-\epsilon_0\dfrac{\partial \boldsymbol{E}}{\partial t}=0$ は，$c^2\boldsymbol{B}_0\times\boldsymbol{k}=\omega\boldsymbol{E}_0$ と同値であり，$\mathrm{rot}\,\boldsymbol{E}+\dfrac{\partial \boldsymbol{B}}{\partial t}=0$ は，$\boldsymbol{E}_0\times\boldsymbol{k}=\omega\boldsymbol{B}_0$ と同値である．

(3.14)の形をした解を**平面波**という．いま示したことから，平面波の進行方向であるベクトル $\boldsymbol{k}$ は $\boldsymbol{E}$, $\boldsymbol{B}$ と直交し，$\boldsymbol{E}$ と $\boldsymbol{B}$ も直交している．しかも波の進行速度 $\omega/\|\boldsymbol{k}\|$ は c に等しい．すなわち，平面波は c の速さで進む「横波」である．

平面波に関する用語と意味について述べておこう．$\boldsymbol{E}_0\sin(\omega t-\boldsymbol{k}\cdot\boldsymbol{x})$ は振幅 $\|\boldsymbol{E}_0\|$ をもつ**電波**，$\boldsymbol{B}_0\sin(\omega t-\boldsymbol{k}\cdot\boldsymbol{x})$ は振幅 $\|\boldsymbol{B}_0\|$ をもつ**磁波**とよばれる．ベクトル $\boldsymbol{k}$ を**波数ベクトル**といい，$\omega t-\boldsymbol{k}\cdot\boldsymbol{x}$ を**位相**という．各 $\alpha\in\mathbb{R}$ および時刻 t に対して，平面 $H_{\alpha,t}=\{\boldsymbol{x}\in\mathbb{R}^3;\ \boldsymbol{k}\cdot\boldsymbol{x}=\omega t+\alpha\}$ を考えると，これは時間の経過にともなって，波数ベクトル $\boldsymbol{k}$ の方向に進行していく．この意味で $H_{\alpha,t}$ を**波面**という．

角振動数 ω と波数ベクトルの大きさ $\|\boldsymbol{k}\|$ の間の関係 $\omega=c\|\boldsymbol{k}\|$ は**分散公式**とよばれる．$\nu=\omega/2\pi$ は**振動数**，$\lambda=2\pi/\|\boldsymbol{k}\|$ は**波長**であり，それらの間には $\nu=c/\lambda$ の関係がある．

例題 3.5 平面波の運動量密度 $\boldsymbol{U}_{\mathrm{e,m}}$ とエネルギー密度 $\mathcal{E}_{\mathrm{e,m}}$ について，つぎのことを示せ．
(1) $\boldsymbol{U}_{\mathrm{e,m}}=\dfrac{1}{\omega}\mathcal{E}_{\mathrm{e,m}}\boldsymbol{k}$ (2) $\mathcal{E}_{\mathrm{e,m}}=c\|\boldsymbol{U}_{\mathrm{e,m}}\|$

【解】 運動量密度とエネルギー密度の公式

| 44 | 3 電磁場の理論 |

── 光は電磁波である ──

マクスウェルは，上の事実に基づいて**電磁波**の存在を予言し，1888 年にヘルツにより，その存在が確かめられた．さらに，$c=2.9979\times 10^8\,\mathrm{m\cdot s^{-1}}$ は真空中における光の速さに等しい(本講座「物の理・数の理 1」の囲み「単位系」p.98 参照)．このことから，マクスウェルは光は電磁波の一種であると結論したのである．これは，相対性理論と並んで，数式が「物理的世界」のあり方を予言する代表的例といえるだろう．

マクスウェルの電磁場理論が確立される前は，光は弾性波と考えられ，それが伝わる媒質がエーテルとよばれていた(ホイヘンスの命名)．しかし，光は横波であることからこの考え方には無理があり，光の電磁波説が唱えられてからは，エーテルは電磁波を伝える媒質と考えられるようになった．エーテルの存在が否認されるのは，特殊相対論がアインシュタインにより確立されたときである．

$$\boldsymbol{U}_{\mathrm{e,m}} = \epsilon_0 \boldsymbol{E}\times\boldsymbol{B}, \qquad \mathcal{E}_{\mathrm{e,m}} = \frac{1}{2}\left(\mu_0^{-1}\|\boldsymbol{B}\|^2+\epsilon_0\|\boldsymbol{E}\|^2\right)$$

および，$\boldsymbol{k}=\dfrac{\omega}{\|\boldsymbol{E}_0\|^2}\boldsymbol{E}_0\times\boldsymbol{B}_0$ を使えばただちに得られる． □

注意 関係式 $\mathcal{E}_{\mathrm{e,m}}=c\|\boldsymbol{U}_{\mathrm{e,m}}\|$ は量子力学においても保存され，光子のエネルギーを $h\nu$ とするとき，その運動量は $h\nu/c$ により与えられる(h はプランクの定数)．

演習問題 3.4 電場と磁場それぞれが，つぎの波動方程式を満たすことを示せ．

$$\frac{\partial^2 \boldsymbol{E}}{\partial t^2}-c^2\Delta \boldsymbol{E}=-\epsilon_0^{-1}\left(\frac{\partial \boldsymbol{i}}{\partial t}+c^2\mathrm{grad}\,\rho\right),\quad \frac{\partial^2 \boldsymbol{B}}{\partial t^2}-c^2\Delta \boldsymbol{B}=\epsilon_0^{-1}\mathrm{rot}\,\boldsymbol{i}$$

■3.4 空洞放射とラプラシアンの固有値問題

空洞内に完全に閉じ込められ，壁で「完全反射」する電磁場に関して簡単に述べておこう．これは，**空洞放射**(黒体輻射)の

3.4 空洞放射とラプラシアンの固有値問題

古典的理論に関係し,数学においてはスペクトル幾何学の勃興に強い刺激を与えたという意味で,歴史的にも興味深いものである.

D を滑らかな境界をもつ $\mathbb{R}^3$ の中の有界閉領域とし,球体と微分位相同型と仮定する.D の内部を ∂D で囲まれた空洞(真空)と考え,その中は電磁場 $\boldsymbol{E}, \boldsymbol{B}$ で満たされているとする.この場合,マクスウェルの方程式は

$$\operatorname{div} \boldsymbol{E}=0, \quad \operatorname{div} \boldsymbol{B}=0 \tag{3.15}$$

$$\operatorname{rot} \boldsymbol{B}-c^{-2}\frac{\partial \boldsymbol{E}}{\partial t}=0, \quad \operatorname{rot} \boldsymbol{E}+\frac{\partial \boldsymbol{B}}{\partial t}=0 \tag{3.16}$$

により与えられ,電磁場が境界 ∂D において完全反射する条件は,つぎのような境界条件により与えられる.

(1) ∂D において,その接平面への $\boldsymbol{E}$ の直交射影は 0 である.
 (よって,∂D の各点において $\boldsymbol{E}$ は法ベクトル $\boldsymbol{n}$ のスカラー倍.)
(2) ∂D において,$\boldsymbol{B}$ は ∂D に接する.
 (このとき,$(\boldsymbol{E}\times\boldsymbol{B})|\partial D$ は ∂D に接するから,電磁場の全エネルギーは保存される;例題 3.2.)

全反射の条件は,電磁場が物質の境界面に入射するとき,一般には反射と屈折が起きるが,物質の外と内の間で
(1) 電場 $\boldsymbol{E}$ の境界面に平行な成分が連続
(2) 磁場 $\boldsymbol{B}$ の境界面に垂直な成分が連続
という要請から導かれるものである(全反射の場合は,D の外で電磁場を 0 としてこの要請を満たすことから,上の境界条件が得られる).

いまから,方程式 (3.15), (3.16) をベクトル・ポテンシャルに関する単一の方程式に直すことを考える.このため,特別なベ

クトル・ポテンシャルを選ぶ.

例題 3.6 上の条件の下で,

$$\mathrm{rot}\,\boldsymbol{A} = \boldsymbol{B}, \quad \mathrm{div}\,\boldsymbol{A} = 0,$$

∂D において,その接平面への $\boldsymbol{A}$ の直交射影は 0

を満たすベクトル・ポテンシャル $\boldsymbol{A}$ が一意的に存在することを示せ.さらに

$$-\frac{\partial \boldsymbol{A}}{\partial t} = \boldsymbol{E} \tag{3.17}$$

を示せ.したがって,$(\boldsymbol{A}, 0)$ はローレンツ・ゲージである.

【解】 $\boldsymbol{A}$ の一意性と(3.17)を示そう.一般に,rot $\boldsymbol{H}$=0, div $\boldsymbol{H}$=0 を満たす D 上のベクトル場 $\boldsymbol{H}$ について,∂D においてその接平面への直交射影が 0 であれば,$\boldsymbol{H}$=0 であること示す.rot $\boldsymbol{H}$=0 から $\boldsymbol{H}$=grad f=0 となる関数 f が存在する.この f を ∂D に制限した関数の勾配 $\mathrm{grad}_{\partial D} f$ は,$\boldsymbol{H}$=grad f を ∂D の接平面に直交射影したものと一致するから(本講座「物の理・数の理 1」4.2 節),$\mathrm{grad}_{\partial D} f$=0 である.よって,$f$ は ∂D 上で定数($=c$)になる.一方,Δf=div grad f=div $\boldsymbol{H}$=0 であるから,g=$f$$-$$c$ は境界で 0 となる調和関数である.グリーンの定理(本講座「物の理・数の理 2」演習問題 3.6)を適用すれば,$\int_D \|\mathrm{grad}\,g\|^2 d\boldsymbol{x} = -\int_D \Delta g \cdot g\,d\boldsymbol{x}$=0.よって g=0 となり,f は D 上で定数となる.すなわち,$\boldsymbol{H}$=0 である.

$\boldsymbol{A}_1$ が $\boldsymbol{A}$ と同じ条件を満たすとき,いま示したことを $\boldsymbol{H}$=$\boldsymbol{A}$$-$$\boldsymbol{A}_1$ に適用すれば $\boldsymbol{A}$=$\boldsymbol{A}_1$ が導かれ($\boldsymbol{A}$ の一意性),$\boldsymbol{H}$=$\boldsymbol{E}$$+$$\dfrac{\partial \boldsymbol{A}}{\partial t}$ に適用すれば(3.17)が導かれる.

$\boldsymbol{A}$ の存在を示そう.幾何学的に見やすくするため,微分形式の言葉を用いる.$\boldsymbol{E}$ を 1 次の微分形式,$\boldsymbol{B}$ を 2 次の微分形式と同一視すれば(本講座「物の理・数の理 2」3.3 節の例 4 参照),(3.15)と境界条件は

$$d^*\boldsymbol{E} = 0, \quad d\boldsymbol{B} = 0, \quad i^*\boldsymbol{E} = 0, \quad i^*\boldsymbol{B} = 0$$

と表わされる.ここで,$i : \partial D \longrightarrow D$ は包含写像である.実際,境界条件が $i^*\boldsymbol{E}$=0, $i^*\boldsymbol{B}$=0 により与えられることは,∂D の局所径数表示を $\boldsymbol{S}(u,v)$ とするとき,$i^*(\boldsymbol{E})$=$(\boldsymbol{E}\cdot\boldsymbol{S}_u)du$$+$$(\boldsymbol{E}\cdot\boldsymbol{S}_v)dv$, $i^*\boldsymbol{B}$=$\boldsymbol{B}\cdot(\boldsymbol{S}_u\times\boldsymbol{S}_v)du\wedge dv$

(本講座「物の理・数の理 2」例題 3.17 の解参照)と表わされることから明らか.

まず,$B=dA_0$ を満たす 1 次の微分形式 A_0 をとる. $0=i^*B=di^*A_0$ であり,ド・ラームのコホモロジー群について $H^1(\partial D)=H^1(S^2)=\{0\}$ であるから,$i^*A_0=df_0$ を満たす ∂D 上の関数 f_0 が存在する. f_0 を D に拡張した関数 f_1 を考え,$A_1=A_0-df_1$ と置けば,$dA_1=0$, $i^*A_1=i^*A_0-di^*f_1=i^*A_0-df_0=0$ である. $\Delta g=d^*A_1$, $g|\partial D=0$ を満たす関数 g をとり(本講座「物の理・数の理 1」例題 5.6),$A=A_1+dg$ と置くと,$dA=B$ かつ $d^*A=d^*A_1+d^*dg=d^*A_1-\Delta g=0$,さらに $i^*A=0$ である. こうして A の存在がいえた. □

上の例題により,境界条件を満たすマクスウェルの方程式は,ベクトル・ポテンシャル $A(t,\bm{x})$ に関する波動方程式

$$\frac{\partial^2 \bm{A}}{\partial t^2}-c^2\Delta \bm{A}=0, \quad d^*\bm{A}=0, \qquad (3.18)$$

∂D において,その接平面への $\bm{A}$ の直交射影は 0

と同値であることになる. この方程式の解は,「固有振動」の重ね合わせとして表わされる(よって,電磁場自身が固有振動の重ね合わせである). これを説明するために,D 上につぎのようなベクトル場の列 $\{\bm{A}_i(\bm{x})\}_{i=1}^{\infty}$ と列 $0<\lambda_1\leq\lambda_2\leq\cdots$ が存在することを使う.

(1) ∂D において,その接平面への $\bm{A}_i$ の直交射影は 0 である.
(2) $-\Delta \bm{A}_i=\lambda_i \bm{A}_i$, div $\bm{A}_i=0$ $(i=1,2,\cdots)$. $\bm{A}_i$ を固有ベクトル・ポテンシャルという.
(3) $\int_D \bm{A}_i\cdot \bm{A}_j\,\mathrm{d}\bm{x}=\delta_{ij}$
(4) $a_i=\int_D \bm{A}\cdot \bm{A}_i\,\mathrm{d}\bm{x}$ と置くとき,$\bm{A}=\sum\limits_{i=1}^{\infty}a_i\bm{A}_i$ が成り立つ. ただし,右辺はすべての階数の項別微分が左辺の微分に D 上

で一様収束するような級数である．

$\boldsymbol{A} = \sum_{i=1}^{\infty} a_i \boldsymbol{A}_i$ を波動方程式に代入すれば，係数 a_i に関する方程式

$$\frac{d^2 a_i}{dt^2} + c^2 \lambda_i a_i = 0 \quad (i = 1, 2, \cdots) \tag{3.19}$$

を得るが，これを解けば

$$\boldsymbol{A}(t, \boldsymbol{x}) = \sum_{i=1}^{\infty} c_i \, \cos c\sqrt{\lambda_i}(t+t_0) \boldsymbol{A}_i(\boldsymbol{x})$$

が得られる．

(3.19)は振動数 $\nu_i = \dfrac{c}{2\pi}\sqrt{\lambda_i}$ をもつ「無限個」の独立な調和振動子系の方程式であることに注意しよう．$\{\nu_i\}$ を**電磁場の固有振動数**という．固有振動数を求めることは一般に困難だが，その漸近挙動についてはつぎのことが成り立つ．$\phi(\nu)$ を ν 以下の固有振動数の重複度もこめた数とするとき

$$\phi(\nu) \sim \frac{8\pi}{c^3} \mathrm{vol}(D) \nu^3 \quad (\nu \uparrow \infty) \tag{3.20}$$

ここで，$\mathrm{vol}(D)$ は D の体積を表わし，記号 $\sim$ は，左辺を右辺で割ったものが，$\nu \to \infty$ としたときに 1 に収束することを意味する．

上で述べたことを，一般的観点から説明しよう．例題 3.6 の解の中で行ったように，ベクトル・ポテンシャルを 1 次の微分形式と同一視すれば，(3.18)はつぎのような方程式として表わされる．

$$-\Delta \boldsymbol{A} = \lambda \boldsymbol{A}, \quad d^* \boldsymbol{A} = 0, \quad i^* \boldsymbol{A} = 0$$

ここで，条件 $d^*\boldsymbol{A}=0$ を弱め，さらに D を境界をもつコンパクト n 次元リーマン多様体 (M, g) に取りかえて，$\boldsymbol{A}$ を M 上の k 次の微分形式 ω にしたときの境界値問題(**ディリクレ-ノイマン問題**)

3.4 空洞放射とラプラシアンの固有値問題

$$-\Delta\omega = \lambda\omega, \quad i^*d^*\omega = 0, \quad i^*\omega = 0$$

を考える(本講座「物の理・数の理2」課題 3.4 の(4)を参照).$i^*d=di^*$ であるが,一般には $i^*d^*\neq d^*i^*$ であることに注意.$k=0$ のときはディリクレ問題であり,$k=n$ のときはノイマン問題である.さらに M が境界をもたない場合は,ラプラシアンに対する通常の固有値問題である.記号

$$A^k(M, \partial M) = \{\omega \in A^k(M);\ i^*d^*\omega = 0,\ i^*\omega = 0\}$$

を導入しよう($A^k(M)$ は M 上の k 次微分形式全体のなす線形空間である).重要なことは,一般化されたグリーンの定理(本講座「物の理・数の理2」演習問題 3.2)により,つぎの公式が成り立つことである.

$$\int_M \langle d\omega, \eta\rangle\, dv_{\mathrm{g}} = \int_M \langle \omega, d^*\eta\rangle\, dv_{\mathrm{g}}, \quad (\omega \in A^k(M, \partial M),\ \eta \in A^{k+1}(M, \partial M)),$$

$$\int_M \langle \Delta\omega, \eta\rangle\, dv_{\mathrm{g}} = \int_M \langle \omega, \Delta\eta\rangle\, dv_{\mathrm{g}}, \quad (\omega,\ \eta \in A^k(M, \partial M))$$

ここで,dv_{g} は M のリーマン計量に付随する体積要素を表わす.

$$E^k(\lambda) = \{\omega \in A^k(M, \partial M);\ -\Delta\omega = \lambda\omega\}$$

と置き,$E^k(\lambda) \neq \{0\}$ であるとき,λ を(ラプラシアンの)**固有値**という.この固有値問題に対して,つぎの事実が知られている.

(1) 固有値 λ の重複度 $\dim E^k(\lambda)$ は有限であり,任意の x に対して,x 以下の固有値の数は有限である.この事実の証明には,楕円型偏微分方程式の理論が使われる([7]参照).

(2) $\lambda \neq \mu$ のとき,$E^k(\lambda)$ と $E^k(\mu)$ は,内積

$$\langle\!\langle \omega, \eta\rangle\!\rangle = \int_M \langle \omega, \eta\rangle\, dv_{\mathrm{g}}$$

に関して互いに直交する.実際,$\omega \in E^k(\lambda), \eta \in E^k(\mu)$ に対して

$$\lambda\int_M \langle \omega, \eta\rangle\, dv_{\mathrm{g}} = \int_M \langle \Delta\omega, \eta\rangle\, dv_{\mathrm{g}} = \int_M \langle \omega, \Delta\eta\rangle\, dv_{\mathrm{g}} = \mu\int_M \langle \omega, \eta\rangle\, dv_{\mathrm{g}}$$

であるから,$\int_M \langle \omega, \eta\rangle dv_{\mathrm{g}} = 0$ である.

(3) すべての固有値 λ について $\lambda \geq 0$ である.実際,$-\Delta\omega = \lambda\omega, \omega \neq 0$ とするとき,一般化されたグリーンの定理により($i^*d\omega = di^*\omega = 0, i^*d^*\omega = 0$ であるから)

$$-\lambda \int_M ||\omega||^2 dv_g = \int_M \langle \Delta\omega, \omega \rangle \ dv_g = -\int_M \left(||d\omega||^2 + ||d^*\omega||^2 \right) \ dv_g$$

である.

(4) $E^k(\lambda)$ は有限次元であるから,「直交射影」$P_\lambda^k : A^k(M, \partial M) \longrightarrow E^k(\lambda)$ が

$$P_\lambda^k(\omega) = \sum_{j=1}^m \langle\!\langle \omega, \omega_j \rangle\!\rangle \omega_j$$

と置いて定義される. ここで, $\omega_1, \cdots, \omega_m$ $(m = \dim E^k(\lambda))$ は $E^k(\lambda)$ の正規直交基底である. そして, 任意の $\omega \in A^k(M, \partial M)$ に対して,

$$\omega = \sum_\lambda P_\lambda^k(\omega) \tag{3.21}$$

が成り立つ(**展開定理**). ただし, λ は固有値全体に渡り, 右辺はすべての階数の項別微分が左辺の微分に D 上で一様収束するような級数である.

(5)(**ワイルの定理**) $\varphi_k(x)$ を x 以下の固有値の重複度もこめた数とするとき,

$$\varphi_k(x) \sim \binom{n}{k} \frac{(4\pi)^{-\frac{n}{2}} \mathrm{vol}(M) x^{\frac{n}{2}}}{\Gamma\left(\frac{n}{2}+1\right)} \quad (x \uparrow \infty)$$

が成り立つ $\left(\binom{n}{k}$ は $\wedge^k T_p^* M$ の次元である $\right)$. ここで, $\mathrm{vol}(M)$ は測度 dv_g に関する M の全測度(体積)を表わす.

われわれが問題にしているのは, 境界条件 $i^*\omega=0$, $i^*d^*\omega=0$ より強い条件 $i^*\omega=0$, $d^*\omega=0$ の下での固有値である. そこで,

$$A_0^k(M, \partial M) = \{\omega \in A^k(M); \ d^*\omega = 0, \ i^*\omega = 0\},$$
$$E_0^k(\lambda) = \{\omega \in E^k(\lambda); \ d^*\omega = 0\} \subset A_0^k(M, \partial M)$$

と置こう. $E_0^k(\lambda) \neq \{0\}$ となる固有値 λ を**制限された固有値**ということにする.

例題 3.7 $M = D$ とする. このとき, $k=1$ に対する制限された固有値はすべて正であることを示せ.

【解】 $E_0^1(0) = \{0\}$ であること, すなわち $\Delta\omega = 0$ を満たす $\omega \in A_0^1(D, \partial D)$ が 0 となることを示せばよい. 一般化されたグリーンの定理を用いて,

$0=\langle\!\langle\Delta\omega,\omega\rangle\!\rangle=-\int_D\|d\omega\|^2 d\boldsymbol{x}$ を得るから, $d\omega=0$ である. よって, $\omega=df$ となる D 上の関数 f が存在する. ところが $0=i^*\omega=di^*f$ であるから, $i^*f=f|\partial D$ は定数. さらに, $\Delta f=-d^*df=-d^*\omega=0$ であるから f は定数となり, $\omega=0$. □

例題 3.8

(1) $d^*\bigl(A^k(M,\partial M)\bigr)\subset A_0^{k-1}(M,\partial M)$ を示せ.

(2) $d^*\bigl(E^k(\lambda)\bigr)\subset E_0^{k-1}(\lambda)$, $d\bigl(E^{k-1}(\lambda)\bigr)\subset E^k(\lambda)$ であることを示せ.

(3) $d^*P_\lambda^k=P_\lambda^{k-1}d^*$ を示せ.

【解】

(1) $\omega\in A^k(M,\partial M)$ に対して, $i^*(d^*\omega)=0, d^*(d^*\omega)=0$ であるから, $d^*\omega\in A_0^{k-1}(M,\partial M)$ である.

(2) $\omega\in E^k(\lambda)$ に対して, $\Delta d^*\omega=d^*\Delta\omega=\lambda d^*\omega$ だから, $d^*\omega\in E_0^{k-1}(\lambda)$ である. また, $\omega\in E^{k-1}(\lambda)$ に対して, $\Delta d\omega=d\Delta\omega=-\lambda d\omega$, $i^*d\omega=di^*\omega=0$, $i^*d^*(d\omega)=-i^*(\Delta\omega+dd^*\omega)=-\lambda i^*\omega-di^*d^*\omega=0$ であるから, $d\omega\in E^k(\lambda)$ である.

(3) $\omega\in A^k(M,\partial M)$ に対して $\omega=\sum_\lambda P_\lambda^k\omega$ とするとき, $d^*\omega=\sum_\lambda d^*P_\lambda^k\omega$ であり, $d^*P_\lambda^k\omega\in E^{k-1}(\lambda)$ であるから, $P_\lambda^{k-1}(d^*\omega)=d^*P_\lambda^k\omega$ が成り立つ. □

上の例題を用いれば, $\omega\in A_0^k(M,\partial M)$ に対して, $\omega=\sum_\lambda P_\lambda^k\omega$ と展開したとき, $P_\lambda^k\omega\in E_0^k(\lambda)$ となる. こうして, 任意の $\omega\in A_0^k(M,\partial M)$ は, 制限された固有値に対する固有形式を使って展開されることになる. これを $M=D, k=1$ の場合に適用すれば, ベクトル・ポテンシャルの固有ベクトル・ポテンシャルによる展開が得られることになる.

$\varphi_k^0(x)$ により, x 以下の制限された固有値 λ の重複度 $\dim E_0^k(\lambda)$ をこめた数を表わすことにする.

例題 3.9 $\varphi_1^0(x)=\varphi_1(x)-\varphi_0(x)$ であることを示せ. このことから

$$\varphi_1^0(x)\sim (n-1)\frac{(4\pi)^{-\frac{n}{2}}\mathrm{vol}(M)x^{\frac{n}{2}}}{\Gamma\left(\frac{n}{2}+1\right)}\qquad(x\uparrow\infty)$$

が成り立つことがわかる. これを $M=D$ の場合に適用すれば, $\phi(\nu)=\varphi_1^0(4\pi^2c^{-2}\nu^2)$ であるから, 固有振動数に関する漸近式(3.20)を得る.

── スペクトル幾何学 ──

有界領域における境界条件の下で，ラプラシアンの固有値問題を初めて数学的に考察したのはワイル(1885-1955)である．ワイルは，ローレンツ(1853-1928)により提出された「空洞内に閉じこめられた電磁波の固有振動数のデータから，空洞の体積が決定されるか」という問題(1910年)に肯定的な解答を与えたのである(1912年)．その方法は，上で述べたように，ラプラシアンの固有値の数についての漸近挙動を見出し，その中に現れる定数が領域の体積を明示的に含むことを証明することであった．

ワイルの結果は，2次元領域や，閉じたリーマン多様体上のラプラシアンに対しても成り立つ．とくに2次元領域の場合($k=0$)は，周を固定した膜の振動の問題であり，固有振動数のデータが膜の面積を決めるということになる．1936年には，周の長さも決定されることが証明され，さらに1950年代には周の連結成分の個数も決定されることが示された．このような発展を背景に，マーク・カッツ(1914-84)は「ドラムの形は聞き分けられるか？」(Can one hear the shape of a drum ?)という題名の有名な論文の中で，「固有振動数が膜の形を完全に決定するか」という問題を提出した．この問題は，閉じたリーマン多様体や高次元の領域に対しても考えることができるが，一般には反例をもつことが，ミルナー，ヴィネラ，浦川，砂田らによって示された．2次元領域については長く解かれることがなかったが，1996年になってゴルドン，ウェッブ，ウォルパートによる共同研究によって，ようやく反例が構成され，カッツの問題は否定的に解決されたのである．

カッツの問題は，ラプラシアンの固有値と領域や多様体の幾何学的量の間の関係を調べるスペクトル幾何学という分野に属する．

【解】 d, d^* を制限して得られる線形写像 $d: E^0(\lambda) \longrightarrow E^1(\lambda)$, $d^*: E^1(\lambda) \longrightarrow E^0(\lambda)$ を考える．Ker $d^* = E_0^1(\lambda)$ および d^* が d の随伴写像であることに注意すれば，$E_0^1(\lambda) = (\text{Im } d)^\perp$ である．一方，$f \in E^0(\lambda)$ に対して，$df = 0$ であるとき，f は定数であり，$0 = i^* f = f|\partial D$ であるから，$f = 0$. すなわち，d は単射である．よって，dim $E_0^1(\lambda) = $ dim $E^1(\lambda) - $ dim (Im d)$=$ dim $E^1(\lambda) - $ dim $E^0(\lambda)$ となって主張が導かれる． □

4
特殊相対論

 これまで，ニュートン力学が物理的事実や実験と乖離(かいり)する場面を様々な形で述べてきた．この乖離の状況が頂点に達するのがマクスウェルの方程式である．しかも，新しい時空概念を構築する重大なヒントが，この方程式に隠されている．本章では，まず電磁場の基礎方程式を微分形式を用いて表現し，それを踏まえてミンコフスキー時空を定式化する．さらに，運動方程式の相対論的取り扱いについて簡単に解説する（詳しい理論については[8]を参照せよ）．

■4.1 マクスウェル方程式の座標によらない表現

 マクスウェルの方程式を，座標系 (x_1, x_2, x_3, t) をもつ時空における微分形式を用いて表わそう．このため，電場 $\boldsymbol{E}=(E_1, E_2, E_3)$ と磁場 $\boldsymbol{B}=(B_1, B_2, B_3)$ に対して，2次の微分形式

$$\Omega = B_3 dx_1 \wedge dx_2 + B_1 dx_2 \wedge dx_3 + B_2 dx_3 \wedge dx_1$$
$$+ E_1 dx_1 \wedge dt + E_2 dx_2 \wedge dt + E_3 dx_3 \wedge dt$$

を対応させる．外微分をとれば，

$$d\Omega = \Big(\frac{\partial B_1}{\partial x_1}+\frac{\partial B_2}{\partial x_2}+\frac{\partial B_3}{\partial x_3}\Big)dx_1 \wedge dx_2 \wedge dx_3$$
$$+\frac{\partial B_3}{\partial t}dx_1 \wedge dx_2 \wedge dt+\frac{\partial B_1}{\partial t}dx_2 \wedge dx_3 \wedge dt$$
$$+\frac{\partial B_2}{\partial t}dx_3 \wedge dx_1 \wedge dt$$
$$+\Big(\frac{\partial E_2}{\partial x_1}-\frac{\partial E_1}{\partial x_2}\Big)dx_1 \wedge dx_2 \wedge dt$$
$$+\Big(\frac{\partial E_3}{\partial x_2}-\frac{\partial E_2}{\partial x_3}\Big)dx_2 \wedge dx_3 \wedge dt$$
$$+\Big(\frac{\partial E_1}{\partial x_3}-\frac{\partial E_3}{\partial x_1}\Big)dx_3 \wedge dx_1 \wedge dt$$

よってマクスウェルの方程式(3.1)の 2 行目は，1 つの方程式 $d\Omega=0$ により表わされる．一方，$c^{-2}=\mu_0\epsilon_0$ として，$d^*:A^2(\mathbb{R}^4) \longrightarrow A^1(\mathbb{R}^4)$ を

$$d^*\Omega = \Big(\frac{\partial B_3}{\partial x_2}-\frac{\partial B_2}{\partial x_3}-c^{-2}\frac{\partial E_1}{\partial t}\Big)dx_1$$
$$+\Big(\frac{\partial B_1}{\partial x_3}-\frac{\partial B_3}{\partial x_1}-c^{-2}\frac{\partial E_2}{\partial t}\Big)dx_2$$
$$+\Big(\frac{\partial B_2}{\partial x_1}-\frac{\partial B_1}{\partial x_2}-c^{-2}\frac{\partial E_3}{\partial t}\Big)dx_3$$
$$-\Big(\frac{\partial E_1}{\partial x_1}+\frac{\partial E_2}{\partial x_2}+\frac{\partial E_3}{\partial x_3}\Big)dt$$

により定義する．さらに，電荷密度 ρ と電流 $\boldsymbol{i}=(i_1,i_2,i_3)$ に対して，

$$\eta = \mu_0(i_1 dx_1+i_2 dx_2+i_3 dx_3)-\epsilon_0^{-1}\rho dt$$

と置く．このとき，第 1 行目の方程式は $d^*\Omega=\eta$ と表わされる．

d^* は，つぎの不定値計量に関する d の「共役」作用素である．

4.1 マクスウェル方程式の座標によらない表現

$$\left\langle \frac{\partial}{\partial x_i}, \frac{\partial}{\partial x_j} \right\rangle = \delta_{ij},\ \left\langle \frac{\partial}{\partial x_i}, \frac{\partial}{\partial t} \right\rangle = 0,\ \left\langle \frac{\partial}{\partial t}, \frac{\partial}{\partial t} \right\rangle = -c^2$$

あるいは,余接ベクトルに対する内積の形で表わせば,

$$\langle dx_i, dx_j \rangle = \delta_{ij}, \quad \langle dx_i, dt \rangle = 0, \quad \langle dt, dt \rangle = -c^{-2}$$

である.これを一般の微分形式の内積に自然に拡張したとき(本講座「物の理・数の理 2」演習問題 3.2),

$$\int_{\mathbb{R}^3} \langle d^*\Omega, \omega \rangle \, d\boldsymbol{x}dt = \int_{\mathbb{R}^3} \langle \Omega, d\omega \rangle \, d\boldsymbol{x}dt$$

となることが確かめられる(ここで,g を上の不定値計量とするとき,$d\boldsymbol{x}dt = c^{-1}\sqrt{-\det g_{ij}}dx_1 dx_2 dx_3 dt$ であることに注意).
実際,$\omega = a_1 dx_1 + a_2 dx_2 + a_3 dx_3 + b dt$ に対して,

$$\begin{aligned}
d\omega &= \Big(\frac{\partial a_2}{\partial x_1} - \frac{\partial a_1}{\partial x_2}\Big) dx_1 \wedge dx_2 + \Big(\frac{\partial a_3}{\partial x_2} - \frac{\partial a_2}{\partial x_3}\Big) dx_2 \wedge dx_3 \\
&\quad + \Big(\frac{\partial a_1}{\partial x_3} - \frac{\partial a_3}{\partial x_1}\Big) dx_3 \wedge dx_1 + \Big(\frac{\partial b}{\partial x_1} - \frac{\partial a_1}{\partial t}\Big) dx_1 \wedge dt \\
&\quad + \Big(\frac{\partial b}{\partial x_2} - \frac{\partial a_2}{\partial t}\Big) dx_2 \wedge dt + \Big(\frac{\partial b}{\partial x_3} - \frac{\partial a_3}{\partial t}\Big) dx_3 \wedge dt
\end{aligned}$$

であることに注意して,部分積分公式を使えば,求める式が得られる.

まとめれば,マクスウェルの方程式は,つぎの簡明な方程式と同値である.

$$d\Omega = 0, \quad d^*\Omega = \eta$$

この方程式は,符号 $(3,1)$ の平坦な計量をもつ 4 次元アフィン空間において(座標のとり方に独立な)意味をもつことに注意しよう.この事実は,4.3 節でみるように,力学の理論に重大な帰結をもたらすのである.

■4.2 ミンコフスキー時空

ニュートン力学に適合する時空はガリレイ時空であった．しかし，マクスウェルの方程式はガリレイ時空には馴染まない．すなわち，ガリレイ変換では不変ではないのである．そこで，まったく新しい時空のモデルが登場する．それは，アインシュタインによる時間と空間の物理的考察を踏まえて(1905年)，ミンコフスキーが最初に数学的に定式化した時空のモデルである(1907年)．

4次元アフィン空間 A^4 に対して，そのモデルである線形空間 L が符号 $(3,1)$ の計量 g をもつとき，(A^4, g) をミンコフスキー空間といい，g をローレンツ計量という．A の座標系 $(p_0, \mathcal{E})$, $\mathcal{E} = (e_1, e_2, e_3, e)$ で

$$g(e_i, e_j) = \delta_{ij}, \quad g(e_i, e) = 0, \quad g(e, e) = -c^2$$

となるものを，ミンコフスキー時空における**慣性(座標)系**という．$\boldsymbol{u} = x_1 e_1 + x_2 e_2 + x_3 e_3 + t e$ に対して $g(\boldsymbol{u}, \boldsymbol{u}) = x_1^2 + x_2^2 + x_3^2 - c^2 t^2$ が成り立つ．前節の最後に述べたことから，マクスウェルの方程式は，任意の慣性系に対して，同じ形の方程式になる．ただし，電磁場に対応する2次の微分形式 Ω と電荷密度・電流密度に対応する1次の微分形式 η については，それらが慣性系のとり方によらないという要請を置く．後でみるように，このことは，慣性系によるそれらの表示が然るべき「共変性」をもつことを意味する．

以下，慣性系を固定したとき，関数(ベクトル場)の変数の順序をこれまでの $(t, \boldsymbol{x})$ ではなく，$(\boldsymbol{x}, t)$ とすることに決める．さらに，空間部分のノルム $(x_1{}^2 + x_2{}^2 + x_3{}^2)^{1/2}$ を $|\boldsymbol{x}|$ により表わ

す．x は空間座標，t は時間座標である．

例題 4.1 2つ慣性系 $(p_0, \mathcal{E})$, $(q_0, \mathcal{F})$ に関する $p \in A^4$ の座標をそれぞれ (x_1, x_2, x_3, t), (y_1, y_2, y_3, s) とするとき，$A \in M_3(\mathbb{R})$, $t_0 \in \mathbb{R}$ および $\boldsymbol{v} \in \mathbb{R}^3$ ($|\boldsymbol{v}| < c$) により

$$\begin{pmatrix} \boldsymbol{y} \\ s \end{pmatrix} = \begin{pmatrix} A & -A\boldsymbol{v} \\ \mp c^{-2}\left(1 - \frac{|\boldsymbol{v}|^2}{c^2}\right)^{-\frac{1}{2}} {}^{\mathrm{t}}\boldsymbol{v} & \pm\left(1 - \frac{|\boldsymbol{v}|^2}{c^2}\right)^{-\frac{1}{2}} \end{pmatrix} \begin{pmatrix} \boldsymbol{x} \\ t \end{pmatrix} + \begin{pmatrix} \boldsymbol{b} \\ t_0 \end{pmatrix} \quad (4.1)$$

が成り立つことを示せ（ガリレイ変換との類似と相違に注意せよ）．さらに，

$$\mathrm{{}^t}AA = I_3 + \frac{|\boldsymbol{v}|^2}{c^2 - |\boldsymbol{v}|^2} P_v, \quad \det A = \left(1 - \frac{|\boldsymbol{v}|^2}{c^2}\right)^{-\frac{1}{2}}$$

である．ここで，P_v は $\mathbb{R}^3$ の直線 $\mathbb{R}\boldsymbol{v}$ への直交射影であり，その行列表示は，$|\boldsymbol{v}|^{-2} \boldsymbol{v} {}^{\mathrm{t}}\boldsymbol{v} = (|\boldsymbol{v}|^{-2} v_i v_j)_{ij}$ により与えられる．対称行列 ${}^{\mathrm{t}}AA$ の3つの固有値は $\left(1 - \frac{|\boldsymbol{v}|^2}{c^2}\right)^{-1}$, 1, 1 から成り，$\boldsymbol{v}$ が最初の固有値の固有ベクトルである．

【解】 $\mathcal{F} = (\boldsymbol{f}_1, \boldsymbol{f}_2, \boldsymbol{f}_3, \boldsymbol{f})$ として $\boldsymbol{e}_i = \sum_j a_{ji} \boldsymbol{f}_j + a_i \boldsymbol{f}$, $\boldsymbol{f} = \sum_i u_i \boldsymbol{e}_i + u\boldsymbol{e}$, $p_0 - q_0 = \sum_i b_i \boldsymbol{f}_i + t_0 \boldsymbol{f}$
と置く．本講座「物の理・数の理1」例題1.6と同様な方法で，

$$y_i = \sum_j a_{ij} x_j - \frac{t}{u} \sum_j a_{ij} u_j + b_i, \quad s = \frac{t}{u}\left(1 - \sum_i a_i u_i\right) + \sum_i a_i x_i + t_0$$

を得る．$v_i = u_i / u$, $\boldsymbol{v} = {}^{\mathrm{t}}(v_1, v_2, v_3)$ と置くと，

$$-c^2 = g(\boldsymbol{f}, \boldsymbol{f}) = g\left(\sum_i u_i \boldsymbol{e}_i + u\boldsymbol{e}, \sum_i u_i \boldsymbol{e}_i + u\boldsymbol{e}\right) = \sum_i u_i^2 - c^2 u^2$$

であるから $u^2 = \left(1 - \frac{|\boldsymbol{v}|^2}{c^2}\right)^{-1}$ となる．さらに

$$u_i = g\left(\boldsymbol{e}_i, \sum_i u_i \boldsymbol{e}_i + u\boldsymbol{e}\right) = g(\boldsymbol{e}_i, \boldsymbol{f}) = g\left(\sum_j a_{ji} \boldsymbol{f}_j + a_i \boldsymbol{f}, \boldsymbol{f}\right) = -c^2 a_i$$

$$\delta_{ij} = g(\boldsymbol{e}_i, \boldsymbol{e}_j) = g\left(\sum_h a_{hi} \boldsymbol{f}_h + a_i \boldsymbol{f}, \sum_k a_{kj} \boldsymbol{f}_k + a_j \boldsymbol{f}\right) = \sum_h a_{hi} a_{hj} - c^2 a_i a_j$$

$$\implies \quad 1 - \sum_i a_i u_i = \left(1 - \frac{|\boldsymbol{v}|^2}{c^2}\right)^{-1}, \quad {}^{\mathrm{t}}AA = I_3 + \frac{u^2}{c^2}(v_i v_j)_{ij}$$

となる．これらをあわせれば，主張を得る． □

例題 4.1 のような座標変換を，$(p_0, \mathcal{E})$ から $(q_0, \mathcal{F})$ への**ローレンツ変換**という．$\boldsymbol{y}=A(\boldsymbol{x}-t\boldsymbol{v})+\boldsymbol{b}$ であるから，空間座標に関する限り，2 つの慣性系は互いに等速直線運動をしていると考えられる．$\boldsymbol{v}$ を $(p_0, \mathcal{E})$ に対する $(q_0, \mathcal{F})$ の**相対速度**という（実際，$\boldsymbol{v}$ は，座標系 $(q_0, \mathcal{F})$ の原点 q_0 を座標系 $(p_0, \mathcal{E})$ でみたときの速度である）．相対速度は光速を超えられないこと，また「同時刻」の概念が存在しないことが，ローレンツ変換の形からわかる．さらに形式的に c を無限大にしたときには，ローレンツ変換はガリレイ変換となることに注意しよう．

ガリレイ変換と異なり，ローレンツ変換の線形部分 A と相対速度 $\boldsymbol{v}$ は独立ではない．$U=A({}^t\!AA)^{-1/2}$ と置くと，U は直交行列であり，$A=U({}^t\!AA)^{1/2}$ である．

$$({}^t\!AA)^{\frac{1}{2}} = P_{\boldsymbol{v}}^{\perp} + \left(1 - \frac{|\boldsymbol{v}|^2}{c^2}\right)^{-\frac{1}{2}} P_{\boldsymbol{v}}$$

に注意（$P_{\boldsymbol{v}}^{\perp}=I_3-P_{\boldsymbol{v}}$）．$U$ をローレンツ変換の**回転部分**という．通常は，ローレンツ変換としては，空間と時間の向きを保つもの，すなわち $\det A>0$ であり，(4.1) の復号において，上部の符号をとる変換を考える．

課題 4.1 ローレンツ変換全体のなす群は 4 つの連結成分をもつことを示せ．

例題 4.2

(1) 上部の符号をとるローレンツ変換 (4.1) の線形部分 S の逆変換 T は

$$T = \begin{pmatrix} B & -B\boldsymbol{u} \\ -c^{-2}\left(1-\frac{|\boldsymbol{u}|^2}{c^2}\right)^{-\frac{1}{2}} {}^t\!\boldsymbol{u} & \left(1-\frac{|\boldsymbol{u}|^2}{c^2}\right)^{-\frac{1}{2}} \end{pmatrix}$$

4.2 ミンコフスキー時空

━━━ 運動する物体のローレンツ収縮,時計の遅れ ━━━

例題 4.1 における慣性系 $(p_0, \mathcal{E}), (q_0, \mathcal{F})$ を考え, $(q_0, \mathcal{F})$ における 2 点 $\boldsymbol{y}_0, \boldsymbol{y}_1$ の空間的距離 $|\boldsymbol{y}_1 - \boldsymbol{y}_0|$ を, $(p_0, \mathcal{E})$ において同時刻 t で測った空間的距離 $|\boldsymbol{x}_1 - \boldsymbol{x}_0|$ をくらべよう. $\boldsymbol{y}_1 - \boldsymbol{y}_0 = A(\boldsymbol{x}_1 - \boldsymbol{x}_0)$ であるから, $|\boldsymbol{y}_1 - \boldsymbol{y}_0| = |A(\boldsymbol{x} - \boldsymbol{x}_0)|$ となって, 一般に慣性系のとり方により, 空間的距離は異なる. とくに, $\boldsymbol{x} - \boldsymbol{x}_0$ が相対速度 $\boldsymbol{v}$ と平行なときには,

$$|\boldsymbol{y} - \boldsymbol{y}_0| = \left(1 - \frac{|\boldsymbol{v}|^2}{c^2}\right)^{-\frac{1}{2}} |\boldsymbol{x} - \boldsymbol{x}_0|$$

となり, 慣性系 $(q_0, \mathcal{F})$ において静止する物体は, 等速運動を行う慣性系 $(p_0, \mathcal{E})$ から観測するときには, 長さが収縮することを意味している. また, $(p_0, \mathcal{E})$ における $(\boldsymbol{x}, t)$ の $(q_0, \mathcal{F})$ における時刻は

$$s = -c^{-2} \left(1 - \frac{|\boldsymbol{v}|^2}{c^2}\right)^{-\frac{1}{2}} {}^t\boldsymbol{v} \boldsymbol{x} + \left(1 - \frac{|\boldsymbol{v}|^2}{c^2}\right)^{-\frac{1}{2}} t + t_0$$

である. よって, $(q_0, \mathcal{F})$ における時刻 s, s' を, $(p_0, \mathcal{E})$ における空間の点 $\boldsymbol{x}$ で計るときには

$$s - s' = \left(1 - \frac{|\boldsymbol{v}|^2}{c^2}\right)^{-\frac{1}{2}} (t - t')$$

となり, 時間の遅れが生じることになる.

歴史的には, マクスウェルやローレンツたち当時の物理学者は, 電磁場の基本方程式がガリレイ変換に関して共変ではない事実を,「世界エーテル」という電磁現象の担い手である媒質が存在して, それに対して静止している慣性系にのみ成立する法則として理解しようとした. しかし, この立場を堅持しようとすると, エーテルに対して速度 v で運動する剛体はすべてその運動の方向に縮み, その縮む割合は $(1 - v^2/c^2)^{\frac{1}{2}}$ でなければならないことを受け入れなければならない(ローレンツ, フィッツジェラルド;本講座「物の理・数の理 1」の囲み「エーテルの呪縛」(p.33)参照). アインシュタインは, むしろミステリアスなエーテルの存在を破棄し, 光学や電磁理論の法則がすべての慣性系で同じ形式の下に成り立つべきことを主張する「相対性原理」を基礎にして, 剛体の「長さ」や時間は, 慣性系によって異なる相対的な量であると見破ったのである.

$$B = (I - c^{-2} \boldsymbol{v}^{\mathrm{t}}\boldsymbol{v})^{-1} A^{-1} = {}^{\mathrm{t}}A, \quad \boldsymbol{u} = -\left(1 - \frac{|\boldsymbol{v}|^2}{c^2}\right)^{\frac{1}{2}} A\boldsymbol{v} = -U\boldsymbol{v}$$

(U は S の回転部分)により与えられることを示せ.とくに $|\boldsymbol{u}|=|\boldsymbol{v}|$ であり,S に回転部分がない場合(S の回転部分が単位行列の場合)には $\boldsymbol{u}=-\boldsymbol{v}$ である.

(2) T の回転部分は U^{-1} であることを示せ.

【解】

(1) TS を計算し,これが単位行列に等しいことから

$$BA + c^{-2}\left(1 - \frac{|\boldsymbol{v}|^2}{c^2}\right)^{-\frac{1}{2}} B\boldsymbol{u}^{\mathrm{t}}\boldsymbol{v} = I_3,$$

$$BA\boldsymbol{v} + \left(1 - \frac{|\boldsymbol{v}|^2}{c^2}\right)^{-\frac{1}{2}} B\boldsymbol{u} = \boldsymbol{0}$$

を得る.第 2 式から $\left(1 - \frac{|\boldsymbol{v}|^2}{c^2}\right)^{-\frac{1}{2}} \boldsymbol{u} = -A\boldsymbol{v}$ となり,これを第 1 式に代入して $BA(I_3 - c^{-2}\boldsymbol{v}^{\mathrm{t}}\boldsymbol{v}) = I_3$ が得られる.さらに,$B = {}^{\mathrm{t}}A$ を示すには,$(\boldsymbol{v}^{\mathrm{t}}\boldsymbol{v})^n = |\boldsymbol{v}|^{2n-2}(\boldsymbol{v}^{\mathrm{t}}\boldsymbol{v})$ に注意して

$$\begin{aligned}(I - c^{-2}\boldsymbol{v}^{\mathrm{t}}\boldsymbol{v})^{-1} &= \sum_{n=0}^{\infty} c^{-2n}(\boldsymbol{v}^{\mathrm{t}}\boldsymbol{v})^n = I + c^{-2}\sum_{n=0}^{\infty} c^{-2n}|\boldsymbol{v}|^{2n}(\boldsymbol{v}^{\mathrm{t}}\boldsymbol{v}) \\ &= I + c^{-2}\left(1 - \frac{|\boldsymbol{v}|^2}{c^2}\right)^{-1}(\boldsymbol{v}^{\mathrm{t}}\boldsymbol{v}) \\ &= I + \frac{|\boldsymbol{v}|^2}{c^2}\left(1 - \frac{|\boldsymbol{v}|^2}{c^2}\right)^{-1} P_{\boldsymbol{v}} \\ &= {}^{\mathrm{t}}AA\end{aligned}$$

を使えばよい.ここで,一般に $\|C\| < 1$ となる正方行列 C に対して $(I - C)^{-1} = \sum_{n=0}^{\infty} C^n$ となることを利用した.実際,$C = c^{-2}\boldsymbol{v}^{\mathrm{t}}\boldsymbol{v}$ とすれば,

$$|C\boldsymbol{x}| = c^{-2}|\boldsymbol{v} \cdot \boldsymbol{x}||\boldsymbol{v}| \leq c^{-2}|\boldsymbol{v}|^2|\boldsymbol{x}| < |\boldsymbol{x}|$$

であるから,$\|C\| < 1$ である.

(2) $A = U({}^{\mathrm{t}}AA)^{\frac{1}{2}}$ を 2 回使って,

$$\begin{aligned}{}^{\mathrm{t}}BB &= A^{\mathrm{t}}A = A({}^{\mathrm{t}}AA)^{\frac{1}{2}}({}^{\mathrm{t}}U) = U({}^{\mathrm{t}}AA)^{\frac{1}{2}}({}^{\mathrm{t}}AA)^{\frac{1}{2}} U^{-1} \\ &= U({}^{\mathrm{t}}AA)U^{-1}\end{aligned}$$

よって,$({}^{\mathrm{t}}BB)^{-\frac{1}{2}}=U({}^{\mathrm{t}}AA)^{-\frac{1}{2}}U^{-1}$ となるから,B の回転部分 V は

$$V = B({}^{\mathrm{t}}BB)^{-\frac{1}{2}} = {}^{\mathrm{t}}AU({}^{\mathrm{t}}AA)^{-\frac{1}{2}}U^{-1}$$
$$= ({}^{\mathrm{t}}AA)^{\frac{1}{2}}({}^{\mathrm{t}}U)U({}^{\mathrm{t}}AA)^{-\frac{1}{2}}U^{-1} = U^{-1}$$

である. □

演習問題 4.1 回転部分がないローレンツ変換は
$$\boldsymbol{y} = \boldsymbol{x} + \left(\frac{\boldsymbol{x} \cdot \boldsymbol{v}}{|\boldsymbol{v}|^2} \left\{ (1-|\boldsymbol{v}|^2/c^2)^{-\frac{1}{2}} - 1 \right\} - t(1-|\boldsymbol{v}|^2/c^2)^{-\frac{1}{2}} \right) \boldsymbol{v} + \boldsymbol{b},$$
$$s = (1-|\boldsymbol{v}|^2/c^2)^{-\frac{1}{2}} (t - c^{-2}\boldsymbol{x} \cdot \boldsymbol{v}) + t_0$$
により与えられることを示せ.

演習問題 4.2(速度の変換則) 慣性系 $(p_0, \mathcal{E})$ における運動 $\boldsymbol{x}(t)$ を考え, 時刻 t での速度ベクトルを $\boldsymbol{u}=\dot{\boldsymbol{x}}(t)$ とする. これを別の慣性系で観測したとき, その運動 $\boldsymbol{y}(s)$ の t に対応する時刻 s における速度ベクトルを $\boldsymbol{u}'(s)$ とする. このとき, つぎのことを示せ.

(1) $\boldsymbol{u}' = \dfrac{\left(1 - \dfrac{|\boldsymbol{v}|^2}{c^2}\right)^{\frac{1}{2}}}{1 - \dfrac{\boldsymbol{u} \cdot \boldsymbol{v}}{c^2}} A(\boldsymbol{u}-\boldsymbol{v})$

(2) $1 - \dfrac{|\boldsymbol{u}'|^2}{c^2} = \dfrac{1 - \dfrac{|\boldsymbol{v}|^2}{c^2}}{\left(1 - \dfrac{\boldsymbol{u}\cdot\boldsymbol{v}}{c^2}\right)^2} \left(1 - \dfrac{|\boldsymbol{u}|^2}{c^2}\right)$

〔ヒント〕 (1)については,$\dfrac{ds}{dt} = \beta - c^{-2}\beta \boldsymbol{u}\cdot\boldsymbol{v}$ を使う. (2)については
$$|A(\boldsymbol{u}-\boldsymbol{v})|^2 = ({}^{\mathrm{t}}AA(\boldsymbol{u}-\boldsymbol{v})) \cdot (\boldsymbol{u}-\boldsymbol{v})$$
$$= \frac{\beta^2}{c^2}(c^2|\boldsymbol{u}-\boldsymbol{v}|^2 + (\boldsymbol{u}\cdot\boldsymbol{v})^2 - |\boldsymbol{u}|^2|\boldsymbol{v}|^2)$$
を使えばよい.

もし,われわれの時空がミンコフスキー時空 (A^4, g) であり,マクスウェルの方程式がこの時空に対する普遍法則であること

を認めるなら，電場・磁場に対する2次の微分形式 Ω と電荷密度・電流密度に対する1次の微分形式 η はミンコフスキー時空の慣性系のとり方によらずに定まるものとしなければならない．言い換えれば，方程式 $d\Omega=0$, $d^*\Omega=\eta$ を満たす (A^4, g) 上の2次の微分形式 Ω と1次の微分形式 η から出発して，慣性系 $(p_0, \mathcal{E})$ により

$$\Omega = B_3 dx_1 \wedge dx_2 + B_1 dx_2 \wedge dx_3 + B_2 dx_3 \wedge dx_1$$
$$+ E_1 dx_1 \wedge dt + E_2 dx_2 \wedge dt + E_3 dx_3 \wedge dt, \quad (4.2)$$
$$\eta = \mu_0(i_1 dx_1 + i_2 dx_2 + i_3 dx_3) - \epsilon_0^{-1} \rho dt$$

と表わしたとき,「この慣性系により観測される」磁場が $\boldsymbol{B}=(B_1, B_2, B_3)$，電場が $\boldsymbol{E}=(E_1, E_2, E_3)$，電流密度が $\boldsymbol{i}=(i_1, i_2, i_3)$，そして電荷密度が ρ なのである．このことから，電場と磁場，電流と電荷は渾然一体となっていて，独立した物理概念ではないことになる．

例題 4.3（電磁場の変換則） 別の慣性系 (y_1, y_2, y_3, s) により観測される電場と磁場を $\boldsymbol{E}'$, $\boldsymbol{B}'$ とするとき，例題 4.1 のローレンツ変換 S によりつぎの変換式が成り立つことを示せ．

$$\boldsymbol{E}' = \beta U \left(\boldsymbol{E} + (\beta^{-1}-1) \frac{\boldsymbol{E} \cdot \boldsymbol{v}}{|\boldsymbol{v}|^2} \boldsymbol{v} + \boldsymbol{v} \times \boldsymbol{B} \right),$$
$$\boldsymbol{B}' = \beta U \left(\boldsymbol{B} + (\beta^{-1}-1) \frac{\boldsymbol{B} \cdot \boldsymbol{v}}{|\boldsymbol{v}|^2} \boldsymbol{v} - c^{-2} \boldsymbol{v} \times \boldsymbol{E} \right)$$

ただし U は S の回転部分であり，$\beta = \left(1 - \frac{|\boldsymbol{v}|^2}{c^2}\right)^{-\frac{1}{2}}$ とする．

【解】 上の変換式は「対称」な形をしていて美しいが，それを求めるには長い計算を必要とする．行間は読者に読みとってもらうことにして，計算の概略を述べる（それでも長い計算になる）．

ローレンツ変換の形から，

$$dy_i = \sum_j a_{ij} dx_j - \sum_j a_{ij} v_j dt, \quad ds = -c^{-2}\beta \sum_i v_i dx_i + \beta dt$$

である．これを
$$\Omega = B'_3 dy_1 \wedge dy_2 + B'_1 dy_2 \wedge dy_3 + B'_2 dy_3 \wedge dy_1$$
$$+ E'_1 dy_1 \wedge ds + E'_2 dy_2 \wedge ds + E'_3 dy_3 \wedge ds$$
に代入し，(4.2)とくらべる．まず磁場の部分については
$$B_1 = B'_1(a_{22}a_{33} - a_{32}a_{23}) + B'_2(a_{32}a_{13} - a_{12}a_{33})$$
$$+ B'_3(a_{12}a_{23} - a_{22}a_{13}) - c^{-2}\beta \sum_i E'_i(a_{i2}v_3 - a_{i3}v_2),$$
$$B_2 = B'_1(a_{23}a_{31} - a_{33}a_{11}) + B'_2(a_{33}a_{11} - a_{13}a_{31})$$
$$+ B'_3(a_{13}a_{21} - a_{23}a_{11}) - c^{-2}\beta \sum_i E'_i(a_{i3}v_1 - a_{i1}v_3),$$
$$B_3 = B'_1(a_{21}a_{32} - a_{31}a_{22}) + B'_2(a_{31}a_{12} - a_{11}a_{32})$$
$$+ B'_3(a_{11}a_{22} - a_{21}a_{12}) - c^{-2}\beta \sum_i E'_i(a_{i1}v_2 - a_{i2}v_1)$$
を得る．A を列ベクトルにより区分けして $A = (\boldsymbol{a}_1, \boldsymbol{a}_2, \boldsymbol{a}_3)$ と表わせば，
$$B'_1(a_{22}a_{33} - a_{32}a_{23}) + B'_2(a_{32}a_{13} - a_{12}a_{33}) + B'_3(a_{12}a_{23} - a_{22}a_{13})$$
$$= \det(\boldsymbol{B}', \boldsymbol{a}_2, \boldsymbol{a}_3),$$
$$B'_1(a_{23}a_{31} - a_{33}a_{11}) + B'_2(a_{33}a_{11} - a_{13}a_{31}) + B'_3(a_{13}a_{21} - a_{23}a_{11})$$
$$= \det(\boldsymbol{a}_1, \boldsymbol{B}', \boldsymbol{a}_3),$$
$$B'_1(a_{21}a_{32} - a_{31}a_{22}) + B'_2(a_{31}a_{12} - a_{11}a_{32}) + B'_3(a_{11}a_{22} - a_{21}a_{12})$$
$$= \det(\boldsymbol{a}_1, \boldsymbol{a}_2, \boldsymbol{B}')$$
となるが，3元連立方程式に対するクラメルの公式([8])により，
$$\det(\boldsymbol{B}', \boldsymbol{a}_2, \boldsymbol{a}_3) = \det A \times (A^{-1}\boldsymbol{B} \text{ の第 1 成分}),$$
$$\det(\boldsymbol{a}_1, \boldsymbol{B}', \boldsymbol{a}_3) = \det A \times (A^{-1}\boldsymbol{B} \text{ の第 2 成分}),$$
$$\det(\boldsymbol{a}_1, \boldsymbol{a}_2, \boldsymbol{B}') = \det A \times (A^{-1}\boldsymbol{B} \text{ の第 3 成分})$$
である．$\det A = \beta$ であることと，電場 $\boldsymbol{E}'$ が関わる項をベクトル積で表わせば，ベクトル表示による変換式

$$\boldsymbol{B} = \beta\bigl[A^{-1}\boldsymbol{B}' - c^{-2}({}^{\mathrm{t}}\!A\boldsymbol{E}')\times\boldsymbol{v}\bigr] \tag{4.3}$$

を得る．ところで，

$$({}^{\mathrm{t}}\!A\boldsymbol{E}')\times\boldsymbol{v} = ({}^{\mathrm{t}}\!AUU^{-1}\boldsymbol{E}')\times\boldsymbol{v} = \bigl(({}^{\mathrm{t}}\!AA)^{\frac{1}{2}}U^{-1}\boldsymbol{E}'\bigr)\times\boldsymbol{v}$$
$$= \bigl[\bigl(I+(\beta-1)P_{\boldsymbol{v}}\bigr)U^{-1}\boldsymbol{E}'\bigr]\times\boldsymbol{v} = (U^{-1}\boldsymbol{E}')\times\boldsymbol{v}$$

となるから($\boldsymbol{v}$ と $\boldsymbol{a}\times\boldsymbol{v}$ は直交していることを利用)，(4.3)は

$$\boldsymbol{B} = \beta\bigl[A^{-1}\boldsymbol{B}' - c^{-2}(U^{-1}\boldsymbol{E}')\times\boldsymbol{v}\bigr] \tag{4.4}$$

と書き直すことができる．

つぎに電場の関わる項をみれば

$$E_k = -B_3'\sum_l (a_{1k}a_{2l}-a_{2k}a_{1l})v_l - B_1'\sum_l(a_{2k}a_{3l}-a_{3k}a_{2l})v_l$$
$$-B_2'\sum_l(a_{3k}a_{1l}-a_{1k}a_{3l})v_l + \beta\sum_i E_i'a_{ik} - c^{-2}\beta\sum_{i,j} E_i'a_{ij}v_jv_k$$

この中で，磁場のある項は

$$-\sum_l \boldsymbol{B}'\cdot(\boldsymbol{a}_k\times\boldsymbol{a}_l)v_l = -\boldsymbol{B}'\cdot(\boldsymbol{a}_k\times A\boldsymbol{v}) = -\boldsymbol{a}_k\cdot(A\boldsymbol{v}\times\boldsymbol{B}')$$

となり，これはベクトル $-{}^{\mathrm{t}}\!A(A\boldsymbol{v}\times\boldsymbol{B}')$ の第 k 成分である．よって他の項もベクトル表示することにより

$$\boldsymbol{E} = \beta{}^{\mathrm{t}}\!A\boldsymbol{E}' - c^{-2}\beta({}^{\mathrm{t}}\!A\boldsymbol{E}'\cdot\boldsymbol{v})\boldsymbol{v} - {}^{\mathrm{t}}\!A(A\boldsymbol{v}\times\boldsymbol{B}') \tag{4.5}$$

を得る．さらに，これを変形する．${}^{\mathrm{t}}\!A = ({}^{\mathrm{t}}\!AA)^{\frac{1}{2}}({}^{\mathrm{t}}\!U) = ({}^{\mathrm{t}}\!AA)^{\frac{1}{2}}U^{-1}$ を使って

$${}^{\mathrm{t}}\!A(A\boldsymbol{v}\times\boldsymbol{B}') = ({}^{\mathrm{t}}\!AA)^{\frac{1}{2}}U^{-1}(A\boldsymbol{v}\times\boldsymbol{B}') = ({}^{\mathrm{t}}\!AA)^{\frac{1}{2}}\bigl(U^{-1}A\boldsymbol{v}\times U^{-1}\boldsymbol{B}'\bigr)$$

となるが，$A\boldsymbol{v}=\beta U\boldsymbol{v}$ に注意すれば，この最後の項は

$$\beta({}^{\mathrm{t}}\!AA)^{\frac{1}{2}}\bigl(\boldsymbol{v}\times U^{-1}\boldsymbol{B}'\bigr) = \beta\bigl(I+(\beta-1)P_{\boldsymbol{v}}\bigr)\bigl(\boldsymbol{v}\times U^{-1}\boldsymbol{B}'\bigr)$$
$$= \beta\bigl(\boldsymbol{v}\times U^{-1}\boldsymbol{B}'\bigr)$$

となる．他方，${}^{\mathrm{t}}\!AA = P_{\boldsymbol{v}}^{\perp} + \beta^2 P_{\boldsymbol{v}} = I + (\beta^2-1)P_{\boldsymbol{v}}$ であるから，

$$
{}^{\mathrm{t}}A\boldsymbol{E}' = \bigl(I+(\beta^2-1)P_v\bigr)A^{-1}\boldsymbol{E}' = A^{-1}\boldsymbol{E}'+\frac{\beta^2-1}{|\boldsymbol{v}|^2}\bigl(A^{-1}\boldsymbol{E}'\cdot\boldsymbol{v}\bigr)\boldsymbol{v}
$$
$$
= A^{-1}\boldsymbol{E}'+\frac{\beta^2}{c^2}\bigl(A^{-1}\boldsymbol{E}'\cdot\boldsymbol{v}\bigr)\boldsymbol{v}
$$

さらに

$$
{}^{\mathrm{t}}A\boldsymbol{E}'\cdot\boldsymbol{v} = A^{-1}\boldsymbol{E}'\cdot\boldsymbol{v}+\frac{\beta^2}{c^2}|\boldsymbol{v}|^2\bigl(A^{-1}\boldsymbol{E}\cdot\boldsymbol{v}\bigr) = \beta^2 A^{-1}\boldsymbol{E}\cdot\boldsymbol{v}
$$

よって，これまでの式を(4.5)に代入すれば

$$
\boldsymbol{E} = \beta\bigl[A^{-1}\boldsymbol{E}'-\boldsymbol{v}\times U^{-1}\boldsymbol{B}'\bigr] \tag{4.6}
$$

が得られる．

さて，(4.4), (4.6)は $\boldsymbol{B}', \boldsymbol{E}'$ から $\boldsymbol{B}, \boldsymbol{E}$ への変換公式であるが，S の代わりにその逆変換 T を用いれば，

$$
\boldsymbol{B}' = \beta\bigl[B^{-1}\boldsymbol{B}-c^{-2}(V^{-1}\boldsymbol{E})\times\boldsymbol{u}\bigr]
$$
$$
= \beta\Bigl[A\Bigl(I-\frac{|\boldsymbol{v}|^2}{c^2}P_v\Bigr)\boldsymbol{B}+c^{-2}U(\boldsymbol{E}\times\boldsymbol{v})\Bigr]
$$
$$
\boldsymbol{E}' = \beta\bigl[B^{-1}\boldsymbol{E}-\boldsymbol{u}\times V^{-1}\boldsymbol{B}\bigr] = \beta\Bigl[A\Bigl(I-\frac{|\boldsymbol{v}|^2}{c^2}P_v\Bigr)\boldsymbol{E}+U(\boldsymbol{v}\times\boldsymbol{B})\Bigr]
$$

が得られるが，さらに

$$
A\boldsymbol{x}-\frac{|\boldsymbol{v}|^2}{c^2}AP_v\boldsymbol{x} = A\boldsymbol{x}-c^{-2}A\bigl((\boldsymbol{x}\cdot\boldsymbol{v})\boldsymbol{v}\bigr) = A\boldsymbol{x}-c^{-2}(\boldsymbol{x}\cdot\boldsymbol{v})A\boldsymbol{v}
$$
$$
= U\bigl(I+(\beta-1)P_v\bigr)\boldsymbol{x}-c^{-2}\beta(\boldsymbol{x}\cdot\boldsymbol{v})U\boldsymbol{v} = U\boldsymbol{x}+(\beta-1)\frac{1}{|\boldsymbol{v}|^2}(\boldsymbol{x}\cdot\boldsymbol{v})U\boldsymbol{v}
$$

これから求める変換公式が得られることは明らかであろう． ☐

演習問題 4.3（電荷・電流の変換則）

(1) 上と同じ状況の下で，次の変換則を示せ．

$$
\rho' = \beta\bigl(\rho-c^{-2}\boldsymbol{i}\cdot\boldsymbol{v}\bigr), \quad \boldsymbol{i}' = A(\boldsymbol{i}-\rho\boldsymbol{v})
$$

(2) 電荷系が流体運動をしているとき，$\boldsymbol{i}=\rho\boldsymbol{u}, \boldsymbol{i}'=\rho'\boldsymbol{u}'$ とすると，

$$
\rho'\Bigl(1-\frac{|\boldsymbol{u}'|^2}{c^2}\Bigr)^{\frac{1}{2}} = \rho\Bigl(1-\frac{|\boldsymbol{u}|^2}{c^2}\Bigr)^{\frac{1}{2}}
$$

が成り立つことを示せ.このことから,関数 $\rho\left(1-\dfrac{|\boldsymbol{u}|^2}{c^2}\right)^{\frac{1}{2}}$ は慣性系のとり方によらず,ミンコフスキー時空 (A^4, g) 上の関数として意味をもつことがわかる.この関数を ρ^0 と置くとき,$p \in A^4$ に対して,それを原点とするような慣性系で,しかも $\boldsymbol{u}(\boldsymbol{0}, 0) = \boldsymbol{0}$ となるものを選べば,$\rho(\boldsymbol{0}, 0) = \rho^0(p)$ である.

〔ヒント〕 (2)を示すには,(1)と速度の変換則を用いる.

演習問題 4.4

(1) $\Omega \wedge \Omega = (\boldsymbol{B} \cdot \boldsymbol{E}) dx_1 \wedge dx_2 \wedge dx_3 \wedge dt$ を示せ.

(2) $\langle \Omega, \Omega \rangle = |\boldsymbol{B}|^2 - c^{-2}|\boldsymbol{E}|^2$ を示せ.

演習問題 4.5

(1) $d\Omega = 0$ から,外微分作用素に対するポアンカレの補題により $d\omega = \Omega$ となる 1 次の微分形式 ω が存在することが結論されるが,$\omega = A_1 dx_1 + A_2 dx_2 + A_3 dx_3 - \phi dt$ とするとき,$d\omega = \Omega$ は

$$\boldsymbol{B} = \operatorname{rot} \boldsymbol{A}, \quad \boldsymbol{E} = -\frac{\partial \boldsymbol{A}}{\partial t} - \operatorname{grad} \phi$$

と同値であることを示せ.ただし,$\boldsymbol{A} = (A_1, A_2, A_3)$ とする.したがって,ω は電磁ポテンシャル $(\boldsymbol{A}, \phi)$ に対応する 1 次の微分形式である.

(2) $d\omega = d\omega_1 = \Omega$ であるとき,$d(\omega_1 - \omega) = 0$ であるから,再びポアンカレの補題により,$\omega_1 - \omega = d\chi$ を満たす関数 χ が存在するが,ω_1 に対応する電磁ポテンシャルを $(\boldsymbol{A}_1, \phi_1)$ とすれば,$\omega_1 - \omega = d\chi$ は

$$\boldsymbol{A}_1 = \boldsymbol{A} + \operatorname{grad} \chi, \quad \phi_1 = \phi - \frac{\partial \chi}{\partial t}$$

と同値であることを示せ.したがって,微分形式の言葉では,対応 $\omega \mapsto \omega_1 = \omega + d\chi$ がゲージ変換である.

(3) ローレンツ・ゲージの方程式(3.6)と(3.7)は,それぞれ $d^* \omega_1 = 0$ および $d^* d\chi = -d^* \omega$ と同値であることを示せ.

例題 4.4 $d^* : A^1(\mathbb{R}^4) \longrightarrow A^0(\mathbb{R}^4)$ を $d : A^0(\mathbb{R}^4) \longrightarrow A^1(\mathbb{R}^4)$ の共役作用素とするとき, $dd=0$ から $d^*d^*=0$ が導かれることを確かめ, $d^*\eta=0$ を示せ. さらに $d^*\eta=0$ は連続の方程式 $\dfrac{\partial \rho}{\partial t} + \mathrm{div}\ \boldsymbol{i} = 0$ と同値であることを示せ.

【解】 共役作用素の定義から, $\mathbb{R}^4$ 上の関数 f と 1 次の微分形式 ω に対して
$$\int_{\mathbb{R}^4} \langle df, \omega \rangle\ \mathrm{d}\boldsymbol{x}\mathrm{d}t = \int_{\mathbb{R}^4} f\ (d^*\omega)\ \mathrm{d}\boldsymbol{x}\mathrm{d}t$$
が成り立っている. 部分積分を使って d^* を求めると, $\omega = \sum_k a_k dx_k + b dt$ に対して
$$d^*\omega = -\sum_{k=1}^{3} \frac{\partial a_k}{\partial x_k} + c^{-2}\frac{\partial b}{\partial t}$$
となることがわかる. これからただちに主張を得る. □

上の例題から, 任意の慣性系において電荷の保存則が成り立つことがわかるが, 電荷の総量(時間によらない) $Q = \int_{\mathbb{R}^3} \rho(\boldsymbol{x}, t)\ \mathrm{d}\boldsymbol{x}$ が慣性系のとり方に依存しないことは自明なことではない. これを確かめよう.

慣性系 $(\boldsymbol{x}, t)$ に関する電荷密度 ρ と電流密度 $\boldsymbol{i}$ は滑らかであり, しかも時間 t を固定するごとに空間部分 $\mathbb{R}^3$ においてコンパクトな台をもつとする. この条件は, 他の慣性系に対しても成り立つ. リーマン計量に対して定義されるホッジの $*$-作用素(本講座「物の理・数の理 2」課題 3.4)はローレンツ計量に対してもまったく同様に定義されることに注意. その定義から

$$*dx_1 = dx_2 \wedge dx_3 \wedge dt, \quad *dx_2 = dx_3 \wedge dx_1 \wedge dt,$$
$$*dx_3 = dx_1 \wedge dx_2 \wedge dt, \quad *dt = c^{-2} dx_1 \wedge dx_2 \wedge dx_3$$

である. よって,

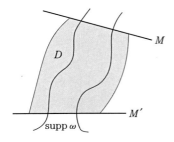

図 4.1 総電荷量の慣性系に関する不変性

$$*\eta = \mu_0(i_1 dx_2 \wedge dx_3 \wedge dt + i_2 dx_3 \wedge dx_1 \wedge dt + i_3 dx_1 \wedge dx_2 \wedge dt)$$
$$-\epsilon_0^{-1} c^{-2} \rho dx_1 \wedge dx_2 \wedge dx_3$$

よって,慣性座標の空間部分を M により記して,それを A^4 のアフィン部分空間とみなすとき,

$$\iota^*(*\eta) = -\epsilon_0^{-1} c^{-2} \rho dx_1 \wedge dx_2 \wedge dx_3$$

となり,

$$\int_M \iota^*(*\eta) = -\epsilon_0^{-1} c^{-2} \int_{\mathbb{R}^3} \rho(\boldsymbol{x}, t)\, \mathrm{d}\boldsymbol{x}$$

が得られる.ここで,$\iota : M \longrightarrow A^4$ は包含写像を表わす.目標は,この左辺の値が慣性系のとり方によらないことを示すことである.このため,$*d*\eta = -d^*\eta = 0$ に注意(上の例題 4.4 と本講座「物の理・数の理 2」課題 3.4).よって $\omega = *\eta$ と置くと,$d\omega = 0$ である.別の慣性系の空間部分 M' を考える.必要なら M' と平行なものと取りかえる(時間をずらす)ことにより,M と M' は ω の台 $\mathrm{supp}\,\omega$ の中では交わらないとしてよい(総電荷量が時間によらないことを使う).M と M' に挟まれた部分にある A^4 の領域 D を,図 4.1 のようにとる.

この領域でストークスの定理を適用すれば

$$\int_{\partial D}\omega = \int_D d\omega = 0$$

となるが，向きのことを考慮することにより

$$\int_{\partial D}\omega = \pm\left(\int_M \omega - \int_{M'}\omega\right)$$

となるから，

$$\int_M \omega = \int_{M'}\omega$$

が成り立つ．これが求めるものであった．

総電荷量が慣性系のとり方によらずに定まるということは，ミンコフスキー時空においても，ガリレイ時空と同様，電荷系は時空から独立した「実在」と考えられることを示唆している．次節では質量にも同じ考え方が適用できることを仮定して，物体の相対論的運動理論を展開する．

■4.3　相対論的運動方程式

ミンコフスキー時空 A^4 における質点の運動を考察しよう．ガリレイ時空を基礎にしたニュートン力学の場合，質量 m の質点に対する運動はガリレイ時空の中の曲線 $\varphi:[a,b]\longrightarrow A^4$ で，$\pi(\varphi(t))=t$ を満たすものであった．ここで，$\pi:A^4\longrightarrow \mathbb{R}$ は時空から時間へのアフィン写像である．そして，運動方程式は $m\ddot{\varphi}=\boldsymbol{F}$ により与えられた．力 $\boldsymbol{F}$ は A^4 のベクトルであり，π の線形部分 P により $P(\boldsymbol{F})=0$ となるものである（本講座「物の理・数の理 1」3.1 節）．

以下，ミンコフスキー空間における計量を表わすのに，$g(\boldsymbol{u},\boldsymbol{v})=\langle \boldsymbol{u},\boldsymbol{v}\rangle$，$g(\boldsymbol{u},\boldsymbol{u})=\|\boldsymbol{u}\|^2$ とする（g は不定値計量なので，

$\|\boldsymbol{u}\|^2 < 0$ となることもある). ミンコフスキー時空における運動は, やはり曲線 $\varphi : [a,b] \longrightarrow A^4$ により表わされるが, ミンコフスキー計量に関して

$$\|\dot{\varphi}(\tau)\|^2 \equiv -c^2 \qquad (4.7)$$

であることを要請する. この要請は, ガリレイ時空における運動に対する性質 $P(\dot{\varphi})=1$ に対応するものである(実際, 形式的に $c\uparrow\infty$ とすると, (4.7)は $P(\dot{\varphi})=1$ に帰着することがわかる). このようなパラメーター τ を, 質点に対する**固有時間**という. 一般に, 曲線 $\psi(s)$ が与えられ, $\|\dot{\psi}\|^2 < 0$ であるとき(これは, 質点の速度が光の速度を超えないという条件に対応する), ψ は**世界曲線**(world curve)とよばれるが, 変数変換 $\tau = \int_0^s \sqrt{-\|\dot{\psi}(s)\|^2}\,ds$ を行い, $\varphi(\tau)=\psi(s(\tau))$ と置けば, τ を固有時間とする運動 φ が得られる.

固有時間をパラメーターとする運動 φ に対して, $\dot{\varphi}, \ddot{\varphi}$ を, それぞれ **4元速度ベクトル**, **4元加速度ベクトル**という. ニュートン力学との類推から, **4元運動量**は $\boldsymbol{P}=m\dot{\varphi}$ により与えられ, 運動方程式は $m\ddot{\varphi}=\dot{\boldsymbol{P}}=\boldsymbol{F}$ により表わされると考えてよい. $\boldsymbol{F}$ は A^4 のベクトルであり, **4元力**とよばれる. ただし,

$$0 = \frac{d}{d\tau}\|\dot{\varphi}\|^2 = 2\langle\dot{\varphi}, \ddot{\varphi}\rangle$$

となるから, $\boldsymbol{F}$ は条件 $\langle\dot{\varphi}, \boldsymbol{F}\rangle = 0$ を満たさなければならない. 質量を表わす定数 m は粒子(質点)の**固有質量**, あるいは以下に述べる理由により**静止質量**ともよばれることもある.

慣性系 $(x_1, x_2, x_3, t) = (\boldsymbol{x}, t)$ をとろう. 運動 $\varphi(\tau)$ の座標を $(\boldsymbol{x}(\tau), t(\tau))$ により表わす. 運動であるための条件(4.7)は

4.3 相対論的運動方程式

$$\left|\frac{d\boldsymbol{x}}{d\tau}\right|^2 - c^2\left(\frac{dt}{d\tau}\right)^2 = -c^2$$

と表わされるから，$\dfrac{d\boldsymbol{x}}{d\tau}=\dfrac{d\boldsymbol{x}}{dt}\dfrac{dt}{d\tau}$ に注意すれば，$\boldsymbol{u}=\dfrac{d\boldsymbol{x}}{dt}$ と表わすとき $\left(\dfrac{dt}{d\tau}\right)^2(|\boldsymbol{u}|^2-c^2)=-c^2$ となる．よって，

$$\frac{dt}{d\tau} = \left(1-\frac{|\boldsymbol{u}|^2}{c^2}\right)^{-\frac{1}{2}}, \quad \frac{d\boldsymbol{x}}{d\tau} = \left(1-\frac{|\boldsymbol{u}|^2}{c^2}\right)^{-\frac{1}{2}}\boldsymbol{u}$$

が得られる．こうして，4元速度ベクトルの座標表示は

$$\left(1-\frac{|\boldsymbol{u}|^2}{c^2}\right)^{-\frac{1}{2}}(\boldsymbol{u}, 1)$$

により与えられるから，4元運動量 $\boldsymbol{P}$ の座標表示は

$$\left(m\left(1-\frac{|\boldsymbol{u}|^2}{c^2}\right)^{-\frac{1}{2}}\boldsymbol{u},\ m\left(1-\frac{|\boldsymbol{u}|^2}{c^2}\right)^{-\frac{1}{2}}\right)$$

である．よって，$\boldsymbol{p}=m\left(1-\dfrac{|\boldsymbol{u}|^2}{c^2}\right)^{-\frac{1}{2}}\boldsymbol{u}$ が慣性系における運動量を表わすと考えられる．ニュートン力学における運動量とくらべれば，慣性系における質量(**相対論的質量**)は $m_{\text{rel}}=m(\boldsymbol{u})=m\left(1-\dfrac{|\boldsymbol{u}|^2}{c^2}\right)^{-\frac{1}{2}}$ により与えられると考えてよい．もしこれを認めれば，慣性系に対して静止しているときの質点は質量 m をもつ．さらに，慣性系における力を $\boldsymbol{f}=\dfrac{d\boldsymbol{p}}{dt}$ として定義する．こうして，$\boldsymbol{F}$ の座標表示は，

$$\left(1-\frac{|\boldsymbol{u}|^2}{c^2}\right)^{-\frac{1}{2}}\left(\boldsymbol{f},\ \frac{dm(\boldsymbol{u})}{dt}\right)$$

により与えられる．条件 $\langle\dot{\varphi}, \boldsymbol{F}\rangle=0$ は $c^2\dfrac{dm(\boldsymbol{u})}{dt}=\boldsymbol{f}\cdot\boldsymbol{u}$ に同値である．よって，

$$\boldsymbol{F} = \left(1-\frac{|\boldsymbol{u}|^2}{c^2}\right)^{-\frac{1}{2}}\left(\boldsymbol{f},\ \frac{\boldsymbol{f}\cdot\boldsymbol{u}}{c^2}\right)$$

となる．

ニュートン力学の場合，運動エネルギー $E=\frac{1}{2}m|\boldsymbol{u}|^2$ は $\frac{\mathrm{d}E}{\mathrm{d}t}=\boldsymbol{f}\cdot\boldsymbol{u}$ を満たしていたから，相対論的運動エネルギーを

$$E = m(\boldsymbol{u})c^2 = mc^2\Bigl(1-\frac{|\boldsymbol{u}|^2}{c^2}\Bigr)^{-\frac{1}{2}}$$

として定義する(ここでは省略するが，エネルギーのとり方には定数差の自由度があるから，物理的考察により，この定義が自然であることをみなければならない)．古典的運動エネルギーと異なるのは，慣性系に対して静止している質点も，エネルギー $E_0=mc^2$ をもつことである．これを**静止エネルギー**という．この静止エネルギーを取り除いた部分は

$$\frac{1}{2}m|\boldsymbol{u}|^2 + a_1 c^{-2} + a_2 c^{-4} + \cdots$$

と展開されるので，c を無限大と考えたときには古典的運動エネルギーと一致する．

例1 荷電粒子(点電荷)に作用する電磁場を相対論的に扱おう．電磁場 Ω に対して，作用素 $W: L^4 \longrightarrow L^4$ をつぎのように定義する．

$$\langle \boldsymbol{u}_1, W(\boldsymbol{u}_2)\rangle = \Omega(\boldsymbol{u}_1, \boldsymbol{u}_2)$$

この W を使えば，電荷 e，固有質量 m の荷電粒子の運動方程式は $m\ddot{\varphi}=eW(\dot{\varphi})$ により記述される．慣性座標系で表わせば，W の行列表示は

$$\begin{pmatrix} 0 & B_3 & -B_2 & E_1 \\ -B_3 & 0 & B_1 & E_2 \\ B_2 & -B_1 & 0 & E_3 \\ c^{-2}E_1 & c^{-2}E_2 & c^{-2}E_3 & 0 \end{pmatrix}$$

により与えられるから，$\boldsymbol{f}=e(\boldsymbol{E}+\boldsymbol{u}\times\boldsymbol{B})$ となって，これは古典的なローレンツの力と一致する(本講座「物の理・数の理1」5.4節参照)．

ミンコフスキー時空と非ユークリッド幾何学

ミンコフスキー時空 A^4 の中の超曲面 $M(c)=\{\boldsymbol{u}=(\boldsymbol{x},t); \|\boldsymbol{u}\|^2=|\boldsymbol{x}|^2-c^2t^2=-c^2\}$ の(2つある)連結成分で, $(\boldsymbol{0},1)$ を含むものを $M_+(c)$ としよう. $M_+(c)$ にミンコフスキー計量を誘導したものはリーマン計量である. これをみるにはつぎの微分同相写像 $f: D(c) \longrightarrow M_+(c)$ により, $M_+(c)$ を半径 c の 3 次元球体 $D(c)=\{\boldsymbol{z}=(z_1,z_2,z_3)\in\mathbb{R}^3; |\boldsymbol{z}|<c\}$ と同一視する.

$$f(\boldsymbol{z}) = \left(1-\frac{|\boldsymbol{z}|^2}{c^2}\right)^{-\frac{1}{2}}(\boldsymbol{z},1)$$

この f により, ミンコフスキー計量を $D(c)$ に誘導したものは

$$\sum_{i,j=1}^{3} g_{ij}dz_idz_j = \left(1-\frac{|\boldsymbol{z}|^2}{c^2}\right)^{-1}((dz_1)^2+(dz_2)^2+(dz_3)^2)$$
$$+c^{-2}\left(1-\frac{|\boldsymbol{z}|^2}{c^2}\right)^{-2}(z_1dz_1+z_2dz_2+z_3dz_3)^2$$

となることから, $M_+(c)$ 上の計量は正定値であることがわかる. さらにこの計量の断面曲率が恒等的に $-c^{-2}$ に等しいことが確かめられる. すなわち, $M_+(c)$ は負の定曲率空間となる(ユークリッド空間 $\mathbb{E}^4$ の中の半径 c の球面 $S^3(c)$ が断面曲率 c^{-2} の定曲率空間となることと比較せよ).

$D(c)$(よって $M_+(c)$)は**非ユークリッド空間**のモデルでもある. すなわち, 直線を $D(c)$ の測地線と考えることにより, ユークリッド幾何学の公理系のうち,「**平行線の公理**」(与えられた直線 ℓ と, その上にはない点 P に対して, P を通り ℓ と交わらない直線がただ **1** つ存在する)のみを否定した幾何学が成立する空間になるのである. ローレンツ変換は, 非ユークリッド空間の合同変換とみなすことができる.

ユークリッド幾何学が古代ギリシアにおいて誕生してから 2000 年以上の時を経て, 平行線の公理が他の公理の帰結ではないことが, ガウス, ボーヤイ, ロバチェフスキーにより「発見」されたが, さらにベルトラミ, ポアンカレ, クラインらによって非ユークリッド空間のモデルが与えられた. それらが時空の構造に関係することは, 数学と物理の密接な関係を物語っている.

上では，質点の運動を扱ったが，もっと一般に物体(質点系)の運動についても同様に論じることができる．これから述べることは，一般相対論における「物体」の考え方を示唆することになる．

固有質量測度 m をもつ質点系 (V, m) の運動は，ミンコフスキー空間 A^4 の中への写像 $\varphi(x,\tau)$ で，$\|\dot\varphi(x,\tau)\|^2 = -c^2$ を満たすものとする．このときも，慣性系 $\mathcal{E}$ による表示 $\varphi(x,\tau) = (\boldsymbol{x}(x,\tau), t(x,\tau))$ を考え，$t = t(x,\tau)$ を τ について解いて，$\tau = \tau(x,t)$ とする．そして $\boldsymbol{x}(x, \tau(x,t))$ を改めて $\boldsymbol{x}(x,t)$ と置く．$\boldsymbol{u} = \dfrac{\mathrm{d}\boldsymbol{x}}{\mathrm{d}t}$ とすれば，

$$\dot\varphi(x,\tau) = \left(1 - \frac{|\boldsymbol{u}(x,t)|^2}{c^2}\right)^{-\frac{1}{2}} (\boldsymbol{u}(x,t), 1)$$

が得られる．

固有質量に関する密度関数 $\rho(\boldsymbol{x},t)$ を

$$\int_V h(\boldsymbol{x}(x,t))\,\mathrm{d}m(x) = \int_{\mathbb{R}^3} h(\boldsymbol{x})\rho(\boldsymbol{x},t)\,\mathrm{d}\boldsymbol{x}$$

がすべての試料関数 h に対して満たされるように定義する．これを**固有質量密度**という．さらに，**固有質量の流れの密度** $\boldsymbol{U}(\boldsymbol{x},t)$ を

$$\int_V h(\boldsymbol{x}(x,t)) \cdot \boldsymbol{u}(x,t)\,\mathrm{d}m(x) = \int_{\mathbb{R}^3} h(\boldsymbol{x}) \cdot \boldsymbol{U}(\boldsymbol{x},t)\,\mathrm{d}\boldsymbol{x}$$

を満たすものとして定義しよう．固有質量測度の代わりに電荷測度を考えれば，これらの密度関数はそれぞれ前節の電荷密度，電流密度にあたる．

以下，A^4 上のベクトル場 $\boldsymbol{W}$ が存在して，$\dot\varphi(x,\tau) = \boldsymbol{W}(\varphi(x,\tau))$ を満たすとする．すなわち，ミンコフスキー時空において流体運動する質点系を考える．ただし，$\|\boldsymbol{W}\|^2 = -c^2$ を仮定する．このとき，

$$W(\boldsymbol{x},t) = \Bigl(1-\frac{|\boldsymbol{u}(x,t)|^2}{c^2}\Bigr)^{-\frac{1}{2}} (\boldsymbol{u}(x,t),1)$$

となる空間部分に値をとるベクトル場 $\boldsymbol{u}(\boldsymbol{x},t)$ が存在し,$\dot{\boldsymbol{x}}(x,t)$ $= \boldsymbol{u}(\boldsymbol{x}(x,t),t) = \boldsymbol{u}(x,t)$ となる*.よって,$(\boldsymbol{x},t)$ の関数として,$\boldsymbol{U}=\rho\boldsymbol{u}$ が成り立つ.

演習問題 4.6 相対論的質量測度 $dm_{\rm rel}(x,t)=\Bigl(1-\frac{|\boldsymbol{u}(x,t)|^2}{c^2}\Bigr)^{-\frac{1}{2}}$ $dm(x)$ に対して,その質量密度 $\rho_{\rm rel}(\boldsymbol{x},t)$ は

$$\Bigl(1-\frac{|\boldsymbol{u}(\boldsymbol{x},t)|^2}{c^2}\Bigr)^{-\frac{1}{2}} \rho(\boldsymbol{x},t)$$

により与えられることを示せ.

ρ は慣性系のとり方により,自然には A^4 上の関数とみなすことはできない.そこで,A^4 上の関数 ρ^0 をつぎのように定義する(演習問題 4.3).$p \in A^4$ に対して,p が原点となるような慣性系 $(p, \mathcal{E}_0)$ で,$\boldsymbol{u}(\boldsymbol{0},0)=0$ となるもの,すなわち,時刻 0 において原点にある物体の点の速度が瞬間的に 0 となるような慣性系を選ぶ.このとき,$\rho^0(p)=\rho(\boldsymbol{0},0)$ と置くのである.この値は,条件を満たす慣性系のとり方にはよらない.なぜなら,条件を満たすもう 1 つの慣性系 $(p, \mathcal{F}_0)$ は,$(p, \mathcal{E}_0)$ に対して相対速度 0 をもち,それらの間のローレンツ変換は $\begin{pmatrix} A & 0 \\ 0 & 1 \end{pmatrix}$ ($^tAA=I_3$) の形になるからである.実際,$\rho'(\boldsymbol{y},s)$ を $(p, \mathcal{F}_0)$ に対する固有質量の密度関数とするとき,$d\boldsymbol{y}=(\det A)d\boldsymbol{x}=d\boldsymbol{x}$ であり,

---

* $\boldsymbol{u}(\boldsymbol{x},t)$ と $\boldsymbol{u}(x,t)$ において同じ記号 $\boldsymbol{u}$ を使っているが,それらを混同しないこと.

$$\int_V h(\boldsymbol{y}(x,s))\,\mathrm{d}m(x) = \int_V h(A(\boldsymbol{x}(x,t)))\,\mathrm{d}m(x)$$
$$= \int_{\mathbb{R}^3} h(A\boldsymbol{x})\rho(\boldsymbol{x},t)\,\mathrm{d}\boldsymbol{x}$$
$$= \int_{\mathbb{R}^3} h(\boldsymbol{y})\rho(A^{-1}\boldsymbol{y},t)\,\mathrm{d}\boldsymbol{y}$$

により, $\rho'(A\boldsymbol{x},t)=\rho(\boldsymbol{x},t)$ が成り立つ. よって, $\rho'(\boldsymbol{0},0)=\rho^0(\boldsymbol{0},0)$.

再び一般の慣性系 $(p_0,\mathcal{E})$ に戻ると, 関数 ρ と ρ^0 はつぎの関係で結ばれる.

$$\rho(\boldsymbol{x},t) = \left(1-\frac{|\boldsymbol{u}(\boldsymbol{x},t)|^2}{c^2}\right)^{-\frac{1}{2}} \rho^0(\boldsymbol{x},t)$$

これをみるにはまず, $p=(\boldsymbol{x},t)$ とするとき, 上で述べた慣性系 $(p,\mathcal{E}_0)$ が $(p_0,\mathcal{E})$ に対して相対速度 $\boldsymbol{u}=\boldsymbol{u}(\boldsymbol{x},t)$ をもつことに注意する. さらに $(p_0,\mathcal{E})$ から $(p,\mathcal{E}_0)$ へのローレンツ変換の空間部分を $\boldsymbol{y}=A(\boldsymbol{x}-t\boldsymbol{u})$ とするとき, $\rho(\boldsymbol{x},t)\mathrm{d}\boldsymbol{x}$, $\rho(\boldsymbol{0},0)\mathrm{d}\boldsymbol{y}$ (ただし, 後の ρ は $(p,\mathcal{E}_0)$ に関する固有質量密度)は双方とも固有質量に関する物体の微小部分の質量と考えられるから, $\rho(\boldsymbol{x},t)\mathrm{d}\boldsymbol{x}=\rho(\boldsymbol{0},0)\mathrm{d}\boldsymbol{y}=(\det A)\rho(\boldsymbol{0},0)\mathrm{d}\boldsymbol{x}$ となり, 主張が得られる.

本講座「物の理・数の理 1」例題 5.14 を参照すれば, 固有質量密度 ρ と固有質量の流れの密度 $\boldsymbol{U}$ の間には, **連続の方程式** $\frac{\partial \rho}{\partial t}+\mathrm{div}\,\boldsymbol{U}=0$ が成り立つことがわかる. 一方, $\rho^0 \boldsymbol{W}=\rho(\boldsymbol{u},1)=(\boldsymbol{U},\rho)$ であるから, 連続の方程式は,

$$\sum_{i=1}^{4} \frac{\partial(\rho^0 W^i)}{\partial x_i} = 0 \qquad (4.8)$$

と表わすことができる. ただし, $\boldsymbol{x}=(x_1,x_2,x_3)$, $t=x_4$, $\boldsymbol{W}=(W^1,W^2,W^3,W^4)$ と置いた. 方程式(4.8)の左辺は, テンソル(4元ベクトル場) $\rho^0 \boldsymbol{W}$ の共変微分を縮約したものだから, 慣

性系のとり方にはよらない表現をもつことに注意しよう．

$$\mathrm{d}\boldsymbol{F}(x,t) = \Big(1-\frac{|\boldsymbol{u}(x,t)|^2}{c^2}\Big)^{-\frac{1}{2}} \Big(\mathrm{d}\boldsymbol{f}(x,t), \frac{\boldsymbol{u}(x,t)\cdot\mathrm{d}\boldsymbol{f}(x,t)}{c^2}\Big)$$

とする．$\mathrm{d}\boldsymbol{f}$ の密度関数を $\boldsymbol{g}(\boldsymbol{x},t)$ により表わすと，

$$\mathrm{d}\boldsymbol{F}(x,t) = \Big(1-\frac{|\boldsymbol{u}|^2}{c^2}\Big)^{-\frac{1}{2}} \boldsymbol{G}\mathrm{d}\boldsymbol{x}$$

ここで，$\boldsymbol{G}=\Big(\boldsymbol{g}, \dfrac{\boldsymbol{u}\cdot\boldsymbol{g}}{c^2}\Big)$ とした．運動方程式 $\ddot{\varphi}\mathrm{d}m=\mathrm{d}\boldsymbol{F}$ を慣性系で表わすと，

$$\frac{\mathrm{d}t}{\mathrm{d}\tau}\Big(\frac{\mathrm{d}}{\mathrm{d}t}\boldsymbol{W}(\boldsymbol{x}(x,t),t)\Big)\mathrm{d}m(x) = \Big(1-\frac{|\boldsymbol{u}|^2}{c^2}\Big)^{-\frac{1}{2}} \boldsymbol{G}\mathrm{d}\boldsymbol{x}$$

$$\implies \rho\Big(\nabla_{\boldsymbol{u}}\boldsymbol{W}+\frac{\partial}{\partial t}\boldsymbol{W}\Big) = \boldsymbol{G}$$

(4.8)および $\rho\boldsymbol{u}=\rho^0(W^1,W^2,W^3)$, $\rho=\rho^0 W^4$ を利用して書き直すと，左辺は

$$\sum_{i=1}^{3}\rho^0 W^i\frac{\partial\boldsymbol{W}}{\partial x_i}+\frac{\partial}{\partial t}(\rho^0 W^4\boldsymbol{W})-\frac{\partial\rho^0 W^4}{\partial t}\boldsymbol{W}+\sum_{i=1}^{4}\frac{\partial\rho^0 W^i}{\partial x_i}\boldsymbol{W}$$

$$= \sum_{i=1}^{3}\rho^0 W^i\frac{\partial\boldsymbol{W}}{\partial x_i}+\frac{\partial}{\partial x_4}(\rho^0 W^4\boldsymbol{W})+\sum_{i=1}^{3}\frac{\partial\rho^0 W^i}{\partial x_i}\boldsymbol{W}$$

$$= \sum_{i=1}^{4}\frac{\partial}{\partial x_i}(\rho^0 W^i\boldsymbol{W})$$

となるから

$$\sum_{i=1}^{4}\frac{\partial}{\partial x_i}(\rho^0 W^i\boldsymbol{W}) = \boldsymbol{G}$$

を得る．テンソル場 $T=\rho^0\boldsymbol{W}\boldsymbol{W}=(\rho^0 W^i W^j)$ を導入すると，慣性系のとり方にはよらない方程式

$$\sum_i (\rho^0 W^i W^j)_{;i} = G^j \qquad (\boldsymbol{G} = (G^1, G^2, G^3, G^4))$$

を得る．T をエネルギー運動量テンソルという．

5
一般相対論

　重力理論を相対論の形式で定式化することを考えよう．その出発点となるのが，重力場の下での質点の運動が，質点の質量にはよらないこと，その結果として，「非慣性系」の中に生じる加速度が重力加速度と区別できない事実である．実際，一定の加速度で運動する閉じた実験室の中では，質点の運動はあたかも加速度方向に一様な重力場がある場合と同じように行われることが観察されるだろう．逆にいえば，一様な重力場の下で自由落下する実験室の中では，重力が存在しない状況が出現する（アインシュタインの思考実験）．このように考えると，重力場の理論を構築するには，非慣性系を考察すること，さらにはミンコフスキー時空そのものを，平坦なアフィン空間から「曲がった」時空にすることが自然になる．このような設定では，物体も時空から独立ではなくなり，物体自身が時空を「曲げる」のである．このような一般相対論を展開するには，本講座「物の理・数の理2」第1章で述べたリーマン多様体の概念の類似が有効になる（[9]も参照のこと）．

■5.1 アインシュタインの方程式（真空の場合）

4次元多様体 M^4 上の符号 $(3,1)$ の不定値計量 g をローレンツ計量といい，(M^4, g) をローレンツ多様体という．これからは，「われわれの住む」時空は M^4 とする．（滑らかな）質量密度 $\rho(\boldsymbol{x})$ に対する重力ポテンシャル u の満たす方程式 $\Delta u = 4\pi G\rho$ を思いだそう（本講座「物の理・数の理1」5.2節）．この重力ポテンシャルの下で，質点の運動は

$$\frac{d^2 x_k}{dt^2} = -\frac{\partial u}{\partial x_k} \qquad (k=1,2,3) \qquad (5.1)$$

により記述される（ただし，質点自身が作る重力場は，無視できるほど小さいとする）．

アインシュタインは，（宇宙）時空における物質はミンコフスキー時空を「曲げて」ローレンツ多様体に変えること，および質点の運動方程式はローレンツ多様体における測地線の方程式により与えられると仮定した．そして，測地線の方程式

$$\frac{d^2 x_k}{dt^2} = -\sum_{i,j=1}^{4} \Gamma_i{}^k{}_j \frac{dx_i}{dt}\frac{dx_j}{dt} \qquad (k=1,2,3,4) \qquad (5.2)$$

を(5.1)と見比べ，クリストッフェルの記号が，第1基本形式の1階微分で与えられることに注意して（本講座「物の理・数の理2」例題1.8），ローレンツ計量（第1基本形式）こそ，重力ポテンシャルそのものであると喝破したのである（1916年）．

重力場の中での質点の運動が測地線で表わされることは，拘束力の下における質点の自由運動を思い出させる．すなわち，拘束力の場合は，質点は曲面上を運動し，もし拘束力以外に力が働かなければ，この運動は曲面の測地線を描く．重力の場合は，

5.1 アインシュタインの方程式（真空の場合）

この宇宙を眺めることのできる「外の世界」があるわけではないが，あたかも拘束力のごとく作用するのである．

ポアソンの方程式 $\Delta u = 4\pi G\rho$ の相対論的類似を求めよう．これから先の議論では大胆な類推を繰り返すことになる．まず，(5.1)の解の族 $\boldsymbol{x}(t,s)$, $(-\epsilon < s < \epsilon)$ が与えられたとき，

$$J(t) = \frac{\partial}{\partial s}\Big|_{s=0} \boldsymbol{x}(t,s) \tag{5.3}$$

と置けば，(5.1)の両辺を s で微分することにより，

$$\frac{\mathrm{d}^2}{\mathrm{d}t^2}J + H_u(J) = 0 \tag{5.4}$$

が得られる．ここで，H_u は $H_u(\boldsymbol{z}) = \sum_{j=1}^{3} \frac{\partial^2 u}{\partial x_k \partial x_j} z_j$ により定義される線形写像である．H_u の跡について，$\mathrm{tr}\, H_u = \Delta u$ が成り立つことに注意しよう．測地線の方程式(5.2)に対しても同様のことを行う．このため，曲率テンソルの概念を使う．測地線の族 $\boldsymbol{x}(t,s)$, $(-\epsilon < s < \epsilon)$ に対して，$\boldsymbol{x}(t,0)$ に沿うベクトル場 $J(t)$ を(5.3)により定義する．このとき，$\frac{D}{\partial t}\frac{\partial \boldsymbol{x}}{\partial t} = 0$ であるから，本講座「物の理・数の理 2」例題 1.10 を用いれば，

$$0 = \frac{D}{\partial s}\frac{D}{\partial t}\frac{\partial \boldsymbol{x}}{\partial t} = \frac{D}{\partial t}\frac{D}{\partial s}\frac{\partial \boldsymbol{x}}{\partial t} + R\left(\frac{\partial \boldsymbol{x}}{\partial t}, \frac{\partial \boldsymbol{x}}{\partial s}\right)\frac{\partial \boldsymbol{x}}{\partial t}$$
$$= \frac{D^2}{\partial t^2}\frac{\partial \boldsymbol{x}}{\partial s} + R\left(\frac{\partial \boldsymbol{x}}{\partial t}, \frac{\partial \boldsymbol{x}}{\partial s}\right)\frac{\partial \boldsymbol{x}}{\partial t}$$

よって，J は微分方程式

$$\frac{D^2}{\partial t^2}J + R(\dot{\boldsymbol{x}}, J)\dot{\boldsymbol{x}} = 0$$

を満たす．これは**ヤコビの微分方程式**とよばれ，(5.4)の類似を与える．こうして，Δu の類似としては，線形写像 $J \mapsto R(\dot{\boldsymbol{x}}, J)\dot{\boldsymbol{x}}$

の跡を考えるのが自然である．線形写像 $Z \mapsto R(X,Z)Y$ の跡はリッチの曲率テンソル $\mathrm{Ricc}(X,Y)$ であることを思い出そう(本講座「物の理・数の理2」3.1節参照)．こうして，Δu の類似として，$\mathrm{Ricc}(\dot{x},\dot{x})$ が得られ，$\dot{x}$ の任意性から，物体のない場合の重力ポテンシャルの方程式 $\Delta u=0$ の一般化は $\mathrm{Ricc}=0$ あるいは同じことだが，$R_{ij}=0$ と考えられる．これを**真空におけるアインシュタインの方程式**という．$R_{ij}\equiv 0$ でも $R^i{}_{jkl}\equiv 0$ とは限らないから，真空の宇宙でも局所的に平坦とは限らない．

例1 アインシュタインの方程式の解としてよく知られているのが，シュヴァルツシルトの時空である．(x_1,x_2,x_3) 空間における極座標 (r,θ,ϕ) を使って，ローレンツ計量 ds^2 を
$$ds^2 = \left(1-\frac{2m}{r}\right)^{-1}dr^2 + r^2 d\theta^2 + r^2 \sin^2\theta d\phi^2$$
$$-\left(1-\frac{2m}{r}\right)dt^2 \quad (r>2m)$$
により定義するとき，直接計算により $R_{ij}\equiv 0$ を確かめることができる．

$$dx_1^2 + dx_2^2 + dx_3^2 = dr^2 + r^2 d\theta^2 + r^2 \sin^2\theta d\phi^2$$

であるから，これは空間的に静止し，無限遠で平坦(ミンコフスキー時空)であり，しかも球対称な解である．シュヴァルツシルトの時空は，星の表面から外の重力場をかなり正確に表わし，ブラックホールのモデルとして使われる．

物質のある場合のアインシュタインの方程式を求める前に，重力場の下で自由落下する実験室の数学的取り扱いを行おう．一様な重力場の下で自由落下する実験室の座標系は，重力場がない場合の慣性系と「等価」である．しかし，一般の重力場については，これを完全に「消す」ことはできない．この様子をみるために，自由落下する実験室の中での座標系を表わす**フェルミ座標系**の概念を定義する．$x(t)$ を，$g(\dot{x},\dot{x})\equiv -c^2$ となる測地

5.1 アインシュタインの方程式（真空の場合）

── アインシュタインの方程式と最小原理 ──

真空における重力ポテンシャル u は $\Delta u=0$ の解，すなわち調和関数である．調和関数について，つぎのディリクレの原理がよく知られている．

滑らかな境界 ∂D をもつ $\mathbb{R}^n$ 内の有界領域 D において，∂D 上で定義された滑らかな関数 f が与えられたとき，$u|_{\partial D}=f$ を満たすような D で調和な関数 u がただ 1 つ存在する．そして，この u は

$$\int_D \|\mathrm{grad}\ u\|^2 \mathrm{d}\boldsymbol{x} \qquad (u|_{\partial D}=f)$$

を最小にする関数として特徴付けられる．

真空におけるアインシュタインの方程式についても，つぎのような最小原理（変分原理）による特徴付けが得られる（ヒルベルト）．R をローレンツ計量 $g=(g_{ij})$ のスカラー曲率として，

$$I(g) = \int_D R\sqrt{-\det g_{ij}}\ \mathrm{d}x_1 \mathrm{d}x_2 \mathrm{d}x_3 \mathrm{d}t$$

と置く．ここで D は時空の（境界 ∂D が滑らかな）有限領域とする．∂D において g とその 1 階微分を固定したとき，g が汎関数 I の停留解であるための必要十分条件は，g が D においてアインシュタインの方程式 $R_{ij}=0$ を満たすことである．

物理法則の多くが「最小原理」で説明されることは，モーペルテュイが最小作用の原理を形而上学的原理として掲げて以来，物理学における指導原理として大きな役割を果たしてきたが，宇宙の構造にも最小原理が適用されることは，まさにジーンズのいう通り「偉大な建築家たる神は，数学者と思われる」のである．

線とする．$\boldsymbol{x}(0)=p,\ \dot{\boldsymbol{x}}(0)=e$ とし，e_1,e_2,e_3,e を T_pM における基底で，$g(e_i,e_j)=\delta_{ij},\ g(e_i,e)=0$ となるようなものとする．e_i を測地線 $\boldsymbol{x}$ に沿って $\boldsymbol{x}(t)$ まで平行移動して得られるベクトルを $e_i(t)$ とする．さらに，$\boldsymbol{u}=x_1 e_1(t)+x_2 e_2(t)+x_3 e_3(t)$ に対して，$\boldsymbol{u}$ を初期速度ベクトルとする測地線を $c(s)$ とし，$c(1)$ の座標を (x_1,x_2,x_3,t) と定める．実際，これが測地線 $\boldsymbol{x}$ の近傍の

座標系となることが確かめられる．これをフェルミ座標系という．以下，t の代わりに x_4 を用いる．空間座標の番号 $1, 2, 3$ をとくに表わしたいときにはギリシア文字 $\alpha, \beta, \cdots$ を用いることにする．

フェルミ座標について，測地線上では $\Gamma_i{}^j{}_k=0$ であることを示そう．(x_1, x_2, x_3, t) を固定し，座標 (sx_1, sx_2, sx_3, t) をもつ点を $z(s)$ とする．$z(s)$ は測地線であるから，測地線の方程式に代入すれば

$$\sum_{\alpha,\beta=1}^{3} \Gamma_\alpha{}^j{}_\beta(sx_1, sx_2, sx_3, t) x^\alpha x^\beta = 0$$

を得る．これから，$\Gamma_\alpha{}^j{}_\beta(0,0,0,t)=0$ が従う．つぎに (x_1, x_2, x_3) を固定し，$\boldsymbol{u}(t)=x_1\boldsymbol{e}_1(t)+x_2\boldsymbol{e}_2(t)+x_3\boldsymbol{e}_3(t)$ とすれば，$\boldsymbol{u}(t)$ は測地線 $\boldsymbol{x}(t)$ に沿う平行ベクトル場である．平行ベクトル場の方程式

$$\frac{du_i}{dt} + \sum_{j,k} \Gamma_j{}^i{}_k \frac{dx_j}{dt} u_k = 0$$

においてフェルミ座標系に関する成分 $u_i(t)=x_i$ $(i=1,2,3)$ を代入すれば，$\sum_k \Gamma_4{}^i{}_k x_k = 0$ となり，$\Gamma_4{}^i{}_k = 0$ を得る．

フェルミ座標系に関する第1基本形式の係数を g_{ij} とするとき，$\dfrac{\partial g_{ij}}{\partial x_k} = \sum_h g_{hj}\Gamma_i{}^h{}_k + \sum_h g_{hi}\Gamma_j{}^h{}_k$ であるから，測地線 $\boldsymbol{x}(t)$ 上の点において $\dfrac{\partial g_{ij}}{\partial x_k}=0$, $\dfrac{\partial^2 g_{ij}}{\partial x_4 \partial x_k}=0$ が成り立つ．さらに，測地線上で

$$\frac{\partial \Gamma_4{}^h{}_4}{\partial x_j} = \begin{cases} \dfrac{1}{2} \dfrac{\partial^2 g_{44}}{\partial x_j \partial x_h} & (h=1,2,3) \\ 0 & (h=4) \end{cases}$$

が成り立つ．実際，$\Gamma_4{}^h{}_4 = \sum_k \dfrac{1}{2} g^{hk} \left(2\dfrac{\partial g_{4k}}{\partial x_4} - \dfrac{\partial g_{44}}{\partial x_k} \right)$ に注意す

れば,

$$\frac{\partial \Gamma_4{}^h{}_4}{\partial x_j} = \sum_k \frac{1}{2}\frac{\partial g^{hk}}{\partial x_j}\left(2\frac{\partial g_{4k}}{\partial x_4}-\frac{\partial g_{44}}{\partial x_k}\right)$$
$$+\sum_k \frac{1}{2}g^{hk}\left(2\frac{\partial^2 g_{4k}}{\partial x_4 \partial x_j}-\frac{\partial^2 g_{44}}{\partial x_j \partial x_k}\right)$$
$$=-\sum_k \frac{1}{2}g^{hk}\frac{\partial^2 g_{44}}{\partial x_j \partial x_k}$$

であり, $g^{44}=-c^{-2}$, $g^{\alpha\alpha}=1$, $g^{ij}=0$ $(i\neq j)$ であるから主張を得る.

さて, 測地線上では

$$R(\dot{\boldsymbol{x}},J)\dot{\boldsymbol{x}} = \sum_{i,j,k,l} R^l{}_{ijk}\delta_{4i}J_j\delta_{4k}\frac{\partial}{\partial x_l} = \sum_{j,l} R^l{}_{4j4}J_j\frac{\partial}{\partial x_l}$$

$$R^l{}_{4j4} = \frac{\partial}{\partial x_j}\Gamma_4{}^l{}_4 - \frac{\partial}{\partial x_4}\Gamma_4{}^l{}_j = \frac{\partial}{\partial x_j}\Gamma_4{}^l{}_4$$

であるから, $K^l{}_j = R^l{}_{4j4}$ と置くとき

$$K^4{}_j = K^l{}_4 = 0, \quad K^\alpha{}_\beta = -\frac{1}{2}\frac{\partial^2 g_{44}}{\partial x_\alpha \partial x_\beta},$$
$$R_{44} = \sum_{\alpha=1}^3 K^\alpha{}_\alpha = -\frac{1}{2}\sum_{\alpha=1}^3 \frac{\partial^2 g_{44}}{\partial x_\alpha{}^2} = -\frac{1}{2}\Delta g_{44}$$

を得る. こうして, フェルミ座標系において, $-\dfrac{1}{2}g_{44}$ が重力ポテンシャルの役割を果たすことがわかる.

■5.2 アインシュタインの方程式(物質のある場合)

物質がある場合のアインシュタインの方程式を考察しよう. ポアソンの方程式の直接的類似は, 物質の質量分布に関連する $(0,2)$ 型テンソル Λ_{ij} により $R_{ij}=\Lambda_{ij}$ と表わされる方程式と考

えられる．テンソル Λ_{ij} の候補となるのは，前章で述べたエネルギー運動量テンソル T のローレンツ多様体への一般化である．$T=(T^{ij})$ は $(2,0)$ 型のテンソルであるから，$R^{ij}=\sum_{h,k} g^{ih}g^{jk}R_{hk}$ を考えて，方程式を $R^{ij}=aT^{ij}$ としよう．ここで，物質の間に相互作用がないような場合は，$\sum_j T^{ij}{}_{;j}=0$ を満たしていると考えられる．他方 $\sum_j R^{ij}{}_{;j}$ は一般には 0 と異なるから，方程式 $R^{ij}=T^{ij}$ の左辺を変更し，本講座「物の理・数の理 2」例題 3.4 を参考にして $R^{ij}-\frac{1}{2}g^{ij}R=aT^{ij}$ あるいは，これと同値な，

$$R_{ij}-\frac{1}{2}g_{ij}R = aT_{ij} \quad \left(T_{ij}=\sum_{h,k}g_{ih}g_{jk}T^{hk}\right)$$

とするのが自然であろう．真空の場合の方程式 $R_{ij}-\frac{1}{2}g_{ij}R=0$ は，両辺に g^{ij} を掛けて i,j について和をとれば，$R-\frac{1}{2}4R=-R=0$ となることから，真空におけるアインシュタインの方程式と同値になることに注意しよう．

定数 a を求めるために，フェルミ座標系を考え，物質がフェルミ座標系に関して静止しているとする．そして，この座標系を慣性系と考えたとき，T^{ij} は 4.3 節の最後に述べた形のエネルギー運動量テンソルとする．物質が静止していることから，$\rho^0=\rho$ であり

$$(T^{ij}) = \begin{pmatrix} 0 & 0 & 0 & 0 \\ 0 & 0 & 0 & 0 \\ 0 & 0 & 0 & 0 \\ 0 & 0 & 0 & \rho \end{pmatrix}$$

となる．$T_0=\sum_{i,j}g_{ij}T^{ij}$ と置くと，

$$-R = \sum_{i,j} g^{ij}\left(R_{ij} - \frac{1}{2}g_{ij}R\right) = a\sum_{i,j} g^{ij}T_{ij} = aT_0 \quad (5.5)$$

であり,測地線上で,

$$(g_{ij}) = \begin{pmatrix} 1 & 0 & 0 & 0 \\ 0 & 1 & 0 & 0 \\ 0 & 0 & 1 & 0 \\ 0 & 0 & 0 & -c^2 \end{pmatrix}$$

であるから $T_{44}=c^4\rho$, $T_0=-\rho c^2$ が成り立つ.よって,

$$R_{44} = a\left(T_{44} - \frac{1}{2}g_{44}T_0\right) = \frac{1}{2}a\rho c^4$$

を得る.他方,上でみたことにより,$R_{44}=-\frac{1}{2}\Delta g_{44}$ であり,$u=-\frac{1}{2}g_{44}$ と考えれば,$\Delta u=\frac{1}{2}a\rho c^4$ となる.これをポアソンの方程式 $\Delta u=4\pi G\rho$ とくらべることにより,$a=\frac{8\pi G}{c^4}$ を得る.結果をまとめれば

$$R_{ij} - \frac{1}{2}g_{ij}R = \frac{8\pi G}{c^4}T_{ij}$$

あるいは(5.5)を使えば,

$$R_{ij} = \frac{8\pi G}{c^4}\left(T_{ij} - \frac{1}{2}g_{ij}T_0\right) \quad (5.6)$$

が**物質をもつ場合のアインシュタインの方程式**となる.

アインシュタインは,さらに宇宙規模で成り立つべき方程式を考察し,「宇宙項」とよばれる項を付け加えて,重力場の方程式を

$$R_{ij} - \frac{1}{2}g_{ij}R - \lambda g_{ij} = \frac{8\pi G}{c^4}T_{ij}$$

とした.

■5.3 弱い重力場

これまで,ポアソンの方程式をモデルとして重力場の相対論的方程式を導いてきた.しかし,これだけでは一般相対論を正当化するには不十分である.時空の中の限られた範囲内で,光の速さ c に比較して遅い運動を行う物体は,ニュートン力学により制御されていることを,一般相対論の枠組みの中で説明できなければならない.本節では,相対論的な意味での重量場が「弱い」とき,アインシュタイン方程式がポアソンの方程式により近似されること,およびこのような重力場において運動する質点の方程式(ローレンツ多様体における測地線の方程式)が,ニュートン力学における運動方程式(5.1)により近似されることを示そう.

(M^4, g) をローレンツ多様体とする.ただし,光の速さ c は,g の中にパラメータとして含まれていると考える.

$$(g_{ij}^0) = \begin{pmatrix} 1 & 0 & 0 & 0 \\ 0 & 1 & 0 & 0 \\ 0 & 0 & 1 & 0 \\ 0 & 0 & 0 & -1 \end{pmatrix}$$

と置く.$p \in M^4$ のまわりの局所座標系 (x_1, x_2, x_3, x_4) が存在して,この座標近傍上で

$$g_{ij} = g_{ij}^{(0)} + \frac{1}{c^2} g_{ij}^{(2)} + \frac{1}{c^3} g_{ij}^{(3)} + O(c^{-4}),$$

$$\frac{\partial g_{ij}}{\partial x_k} = \frac{1}{c^2} \frac{\partial g_{ij}^{(2)}}{\partial x_k} + \frac{1}{c^3} \frac{\partial g_{ij}^{(3)}}{\partial x_k} + O(c^{-4}),$$

$$\frac{\partial^2 g_{ij}}{\partial x_h \partial x_k} = \frac{1}{c^2}\frac{\partial^2 g_{ij}^{(2)}}{\partial x_h \partial x_k} + \frac{1}{c^3}\frac{\partial^2 g_{ij}^{(3)}}{\partial x_h \partial x_k} + O(c^{-4}),$$

$$g_{ij}^{(m)} = O(1), \quad \frac{\partial g_{ij}^{(m)}}{\partial x_\alpha} = O(1), \quad \frac{\partial g_{ij}^{(m)}}{\partial x_4} = O(c^{-1}),$$

$$\frac{\partial^2 g_{ij}^{(m)}}{\partial x_\alpha \partial x_\beta} = O(1), \quad \frac{\partial^2 g_{ij}^{(m)}}{\partial x_\alpha \partial x_4} = O(c^{-1}),$$

$$\frac{\partial^2 g_{ij}^{(m)}}{\partial x_4{}^2} = O(c^{-2}) \quad (m = 2, 3, \ \alpha, \beta = 1, 2, 3)$$

を満たす $g_{ij}^{(m)}$ が存在するとき，p のまわりで**弱い重力場**をもつという．ここで，一般に f, g が c をパラメータとして含む関数であるとき，$f = g + O(c^{-k})$ は $|f-g| \leq Ac^{-k}$ となる c によらない定数 A が存在することを意味する．$O(\cdot)$ をランダウの記号という（とくに $f = O(1)$ ならば，f が c に関して一様に有界である）．粗い言い方をすれば，上の条件は，ローレンツ計量 g は座標近傍上で平坦なミンコフスキー計量に十分近く，$x_4 = ct$ と置くとき，(x_1, x_2, x_3, t) が慣性系に十分近いことをいっている．以下，前と同様に，添字について，$h, i, j, k, \cdots$ については $1, 2, 3, 4$ を，$\alpha, \beta, \cdots$ は $1, 2, 3$ を表わすとする．$\dfrac{\partial g_{ij}^{(m)}}{\partial t} = O(1)$ であることに注意しよう．さらに，逆行列と行列式に関する簡単な計算から

$$g^{ij} = g^{(0)ij} + O(c^{-2}), \quad \frac{\partial g^{ij}}{\partial x_k} = O(c^{-2}),$$

$$\det(g_{ij}) = -1 + O(c^{-2})$$

となる．

さて，$\boldsymbol{x}(t) = (x_1(t), x_2(t), x_3(t))$ を重力場 g の下での質点の運動とする．この運動について，条件 $|\dot{\boldsymbol{x}}| = O(1)$, $|\ddot{\boldsymbol{x}}| = O(1)$ を課すことにする．ローレンツ時空 M^4 において，$(\boldsymbol{x}(t), ct)$ を座標

とする曲線 φ を考え,これを固有時間により径数表示する.すなわち,$g(\dot\varphi,\dot\varphi)=-c^2$,あるいは同じことだが,
$$\left(\frac{d\tau}{dt}\right)^2 = -c^{-2}\sum_{i,j} g_{ij}\frac{dx_i}{dt}\frac{dx_j}{dt}$$
を満たすような径数 $\tau=\tau(t)$ をとる.証明したいことは,$\varphi(\tau)$ が測地線であるとき,$u=-\dfrac{1}{2}g_{44}^{(2)}$ と置けば
$$\frac{d^2 x_\alpha}{dt^2} = -\frac{\partial u}{\partial x_\alpha}+O(c^{-1}) \quad (\alpha=1,2,3) \tag{5.7}$$
が成り立つこと,および慣性系 (x_1,x_2,x_3,t) に対して静止している物体に対して $\rho=-c^{-2}T_{44}$ と置くとき,物質のある場合のアインシュタイン方程式から
$$\Delta u = 4\pi G\rho + O(c^{-1}) \tag{5.8}$$
が導かれることである.まず (5.7) を,いくつかのステップにわけて示そう.

主張 1 $\quad \dfrac{d\tau}{dt} = 1+O(c^{-2}), \quad \dfrac{dt}{d\tau} = 1+O(c^{-2})$

これをみるのに,$\|\dot\varphi\|^2 = -c^2$ を書き直した
$$\left(\frac{d\tau}{dt}\right)^2 = -c^{-2}\sum_{i,j} g_{ij}\frac{dx_i}{dt}\frac{dx_j}{dt} \tag{5.9}$$
を使う.実際,$\dfrac{dx_4}{dt}=c$ に注意すれば
$$\sum_{i,j}g_{ij}\frac{dx_i}{dt}\frac{dx_j}{dt} = \sum_{i,j}g_{ij}^{(0)}\frac{dx_i}{dt}\frac{dx_j}{dt}+O(c^{-1}) = -c^2+O(1)$$
である.これから最初の評価式を得る.2 番目の評価式は $(1+O(c^{-2}))^{-1}=1+O(c^{-2})$ から従う.

主張 2 $\quad \dfrac{d^2\tau}{dt^2}=O(c^{-2}), \quad \dfrac{dt^2}{d\tau^2}=O(c^{-2})$

前半は (5.9) の両辺を微分して得られる等式

$$2\frac{\mathrm{d}\tau}{\mathrm{d}t}\frac{\mathrm{d}^2\tau}{\mathrm{d}t^2}$$
$$=-c^{-2}\Big(\sum_{i,j,k}\frac{\partial g_{ij}}{\partial x_k}\frac{\mathrm{d}x_k}{\mathrm{d}t}\frac{\mathrm{d}x_i}{\mathrm{d}t}\frac{\mathrm{d}x_j}{\mathrm{d}t}+2\sum_{i,j}g_{ij}\frac{\mathrm{d}^2x_i}{\mathrm{d}t^2}\frac{\mathrm{d}x_j}{\mathrm{d}t}\Big)$$

および主張1から明らか．後半については

$$\frac{\mathrm{d}^2 t}{\mathrm{d}\tau^2}=-\Big(\frac{\mathrm{d}\tau}{\mathrm{d}t}\Big)^3\frac{\mathrm{d}^2\tau}{\mathrm{d}t^2}$$

を使えばよい．

主張3 $\dfrac{\mathrm{d}x_\alpha}{\mathrm{d}\tau}=\dfrac{\mathrm{d}x_\alpha}{\mathrm{d}t}+O(c^{-2})$, $\dfrac{\mathrm{d}^2 x_\alpha}{\mathrm{d}\tau^2}=\dfrac{\mathrm{d}^2 x_\alpha}{\mathrm{d}t^2}+O(c^{-2})$,
$\dfrac{\mathrm{d}x_4}{\mathrm{d}\tau}=c+O(c^{-1})$

最初の2つの評価式は

$$\frac{\mathrm{d}x_\alpha}{\mathrm{d}\tau}=\frac{\mathrm{d}t}{\mathrm{d}\tau}\frac{\mathrm{d}x_\alpha}{\mathrm{d}t},\quad \frac{\mathrm{d}^2 x_\alpha}{\mathrm{d}\tau^2}=\frac{\mathrm{d}^2 t}{\mathrm{d}\tau^2}\frac{\mathrm{d}x_\alpha}{\mathrm{d}t}+\Big(\frac{\mathrm{d}t}{\mathrm{d}\tau}\Big)^2\frac{\mathrm{d}^2 x_\alpha}{\mathrm{d}t^2}$$

から従う．最後の評価式は $\dfrac{\mathrm{d}x_4}{\mathrm{d}\tau}=\dfrac{\mathrm{d}t}{\mathrm{d}\tau}\dfrac{\mathrm{d}x_4}{\mathrm{d}t}$ より明らか．

主張4 $\Gamma_4{}^\alpha{}_4=-\dfrac{1}{2c^2}\dfrac{\partial g_{44}^{(2)}}{\partial x_\alpha}+O(c^{-3})$, $\Gamma_h{}^h{}_4=O(c^{-3})$,
$\Gamma_k{}^h{}_l=O(c^{-2})\quad (k,l)\neq(4,4)$

本講座「物の理・数の理2」例題1.8により

$$\begin{aligned}\Gamma_4{}^\alpha{}_4 &= \frac{1}{2}\sum_h g^{\alpha h}\Big(2\frac{\partial g_{h4}}{\partial x_4}-\frac{\partial g_{44}}{\partial x_h}\Big) \\ &= -\frac{1}{2}g^{\alpha\alpha}\frac{\partial g_{44}}{\partial x_\alpha}+g^{\alpha\alpha}\frac{\partial g_{\alpha 4}}{\partial x_4}+\frac{1}{2}g^{\alpha 4}\frac{\partial g_{44}}{\partial x_4} \\ &\quad +\frac{1}{2}\sum_{\beta\neq\alpha}g^{\alpha\beta}\Big(2\frac{\partial g_{\beta 4}}{\partial x_4}-\frac{\partial g_{44}}{\partial x_\beta}\Big)\end{aligned}$$

である．ここで

$$g^{\alpha\alpha} = 1 + O(c^{-2}), \quad \frac{\partial g_{44}}{\partial x_\alpha} = c^{-2}\frac{\partial g_{44}^{(2)}}{\partial x_\alpha} + O(c^{-3}),$$

$$\frac{\partial g_{\alpha 4}}{\partial x_4} = O(c^{-3}), \quad g^{\alpha 4}\frac{\partial g_{44}}{\partial x_4} = O(c^{-5}),$$

$$g^{\alpha\beta}\left(2\frac{\partial g_{\beta 4}}{\partial x_4} - \frac{\partial g_{44}}{\partial x_\beta}\right) = O(c^{-4}) \quad (\alpha \neq \beta)$$

に注意すれば,1 番目の評価式を得る.後の 2 つの評価式も同様に得られる.

これまでの主張と仮定 $\frac{dx_\alpha}{dt} = O(1)$ から

$$\Gamma_4{}^4{}_4\left(\frac{dx_4}{d\tau}\right)^2 = O(c^{-1}), \quad \Gamma_4{}^4{}_\alpha \frac{dx_4}{d\tau}\frac{dx_\alpha}{d\tau} = O(c^{-1}),$$

$$\Gamma_\alpha{}^4{}_\beta \frac{dx_\alpha}{d\tau}\frac{dx_\beta}{d\tau} = O(c^{-2})$$

が得られる.よって

$$\frac{d^2 x_4}{d\tau^2} = -\sum_{i,j} \Gamma_i{}^4{}_j \frac{dx_i}{d\tau}\frac{dx_j}{d\tau} = O(c^{-1})$$

である.さらに

$$\frac{d^2 x_\alpha}{d\tau^2} = -\Gamma_0{}^\alpha{}_0\left(\frac{dx_4}{d\tau}\right)^2 - 2\Gamma_4{}^\alpha{}_\beta \frac{dx_4}{d\tau}\frac{dx_\beta}{d\tau}$$

$$-\sum_{\beta,\gamma}\Gamma_\beta{}^\alpha{}_\gamma \frac{dx_\beta}{d\tau}\frac{dx_\gamma}{d\tau}$$

であるから,右辺については

$$\Gamma_0{}^\alpha{}_0\left(\frac{dx_4}{d\tau}\right)^2 = \left[-\frac{1}{2c^2}\frac{\partial g_{44}^{(2)}}{\partial x_\alpha} + O(c^{-3})\right](c^2 + O(1))$$

$$= -\frac{1}{2}\frac{\partial g_{44}^{(2)}}{\partial x_\alpha} + O(c^{-1}),$$

$$\Gamma_4{}^\alpha{}_\beta \frac{dx_4}{d\tau}\frac{dx_\beta}{d\tau} = O(c^{-2})(c + O(c^{-1}))O(1) = O(c^{-1}),$$

$$\Gamma_\beta{}^\alpha{}_\gamma \frac{\mathrm{d}x_\beta}{\mathrm{d}\tau}\frac{\mathrm{d}x_\gamma}{\mathrm{d}\tau} = O(c^{-2})O(1)O(1) = O(c^{-2})$$

を使い,左辺については

$$\frac{\mathrm{d}^2 x_\alpha}{\mathrm{d}\tau^2} = \frac{\mathrm{d}^2 x_\alpha}{\mathrm{d}t} + O(c^{-2})$$

を使えば,

$$\frac{\mathrm{d}^2 x_\alpha}{\mathrm{d}t^2} = \frac{1}{2}\frac{\partial g_{44}^{(2)}}{\partial x_\alpha} + O(c^{-1})$$

を得る.これは(5.7)に他ならない.

つぎに(5.8)を示そう.このため,物質は座標系 $(x_1, x_2, x_3, x_4 = ct)$ に関して静止していると仮定する.このとき $\boldsymbol{W} = (0, 0, 0, c)$,$\rho = \rho^0$ であり,よって,

$$(T^{ij}) = (\rho W^i W^j) = \begin{pmatrix} 0 & 0 & 0 & 0 \\ 0 & 0 & 0 & 0 \\ 0 & 0 & 0 & 0 \\ 0 & 0 & 0 & \rho c^2 \end{pmatrix}$$

である.物質をもつ場合のアインシュタインの方程式(5.6)の右辺をみると

$$\begin{aligned}
&\frac{8\pi G}{c^4}\left(T_{44} - \frac{1}{2}g_{44}T_0\right) \\
&= \frac{8\pi G}{c^4}\left[\rho c^2 - \left(-1 + O(c^{-2})\right)\left(-\frac{\rho c^2}{2}\right)\right] \\
&= \frac{4\pi G\rho}{c^2} + O(c^{-4})
\end{aligned}$$

一方,(5.6)の左辺については,$R^4_{444} = 0$(本講座「物の理・数の理2」例題1.12の(1))であるから,本講座「物の理・数の理2」例題1.3により

$$R_{44} = \sum_h R^h_{4h4} = \sum_\alpha R^\alpha_{4\alpha 4}$$
$$= \sum_\alpha \left(\frac{\partial \Gamma_4{}^\alpha{}_4}{\partial x_\alpha} - \frac{\partial \Gamma_\alpha{}^\alpha{}_4}{\partial x_4} \right) + \sum_{h,\alpha} \left(\Gamma_4{}^h{}_4 \Gamma_\alpha{}^\alpha{}_h - \Gamma_\alpha{}^h{}_4 \Gamma_4{}^\alpha{}_h \right)$$

を得る.すべてのクリストッフェルの記号は $O(c^{-2})$ で評価されるから,第2の和の部分は $O(c^{-4})$ により評価される.

主張 5 $\quad \dfrac{\partial \Gamma_\alpha{}^\alpha{}_4}{\partial x_4} = O(c^{-4})$

なぜなら,

$$\frac{\partial \Gamma_\alpha{}^\alpha{}_4}{\partial x_4} = \frac{1}{2} \sum_h \left[\frac{\partial g^{\alpha h}}{\partial x_4} \left(\frac{\partial g_{h4}}{\partial x_\alpha} + \frac{\partial g_{h\alpha}}{\partial x_4} - \frac{\partial g_{\alpha 4}}{\partial x_h} \right) \right.$$
$$\left. + g^{\alpha h} \left(\frac{\partial^2 g_{h4}}{\partial x_4 \partial x_\alpha} + \frac{\partial^2 g_{h\alpha}}{\partial x_4{}^2} - \frac{\partial^2 g_{\alpha 4}}{\partial x_4 \partial x_h} \right) \right]$$

であり,

$$\frac{\partial g^{\alpha h}}{\partial x_4} \left(\frac{\partial g_{h4}}{\partial x_\alpha} + \frac{\partial g_{h\alpha}}{\partial x_4} - \frac{\partial g_{\alpha 4}}{\partial x_h} \right) = O(c^{-4})$$

は明らか.また,$h \neq \alpha$ のとき $g^{\alpha h} = O(c^{-2})$ であり,$\dfrac{\partial^2 g_{ij}}{\partial x_h \partial x_k} = O(c^{-2})$ から

$$g^{\alpha h} \left(\frac{\partial^2 g_{h4}}{\partial x_4 \partial x_\alpha} + \frac{\partial^2 g_{h\alpha}}{\partial x_4{}^2} - \frac{\partial^2 g_{\alpha 4}}{\partial x_4 \partial x_h} \right) = O(c^{-4})$$

が導かれる.$h = \alpha$ のときは

$$g^{\alpha\alpha} \left(\frac{\partial^2 g_{\alpha 4}}{\partial x_4 \partial x_\alpha} + \frac{\partial^2 g_{\alpha\alpha}}{\partial x_4{}^2} - \frac{\partial^2 g_{\alpha 4}}{\partial x_4 \partial x_\alpha} \right)$$
$$= (1 + O(c^{-2})) \frac{\partial^2 g_{\alpha\alpha}}{\partial x_4{}^2}$$
$$= (1 + O(c^{-2})) \left(c^{-2} \frac{\partial^2 g^{(2)}_{\alpha\alpha}}{\partial x_4{}^2} + c^{-3} \frac{\partial g^{(3)}_{\alpha\alpha}}{\partial x_4{}^2} + O(c^{-4}) \right)$$

$$= O(c^{-4})$$

である.これらをあわせれば主張を得る.

主張 6 $\dfrac{\partial \Gamma_4{}^\alpha{}_4}{\partial x_\alpha} = -\dfrac{1}{2c^2}\dfrac{\partial^2 g_{44}^{(2)}}{\partial x_\alpha{}^2}+O(c^{-3})$

実際,

$$\begin{aligned}
\frac{\partial \Gamma_4{}^\alpha{}_4}{\partial x_\alpha} &= \sum_h \Big[\frac{\partial g^{\alpha h}}{\partial x_\alpha}\Big(\frac{\partial g_{h4}}{\partial x_4}-\frac{1}{2}\frac{\partial g_{44}}{\partial x_h}\Big) \\
&\qquad +g^{\alpha h}\Big(\frac{\partial^2 g_{h4}}{\partial x_\alpha \partial x_4}-\frac{1}{2}\frac{\partial^2 g_{44}}{\partial x_\alpha \partial x_h}\Big)\Big] \\
&= O(c^{-4})-\frac{1}{2}g^{\alpha\alpha}\frac{\partial^2 g_{44}}{\partial x_\alpha{}^2} \\
&= O(c^{-4})-\frac{1}{2}\big(1+O(c^{-2})\big)\Big(\frac{1}{c^2}\frac{\partial^2 g_{44}^{(2)}}{\partial x_\alpha{}^2}+O(c^{-3})\Big) \\
&= -\frac{1}{2c^2}\frac{\partial^2 g_{44}^{(2)}}{\partial x_\alpha{}^2}+O(c^{-3})
\end{aligned}$$

である.

これまで示したことをあわせれば求める近似式 $\Delta u = 4\pi G\rho + O(c^{-1})$ を得る.

━━━ 相対論の検証 ━━━

相対論がアインシュタインにより提唱されて以来,その正当性を確かめるために多くの実験と観測が行われた.特殊相対論については,核反応による質量とエネルギーの等価性の確認,宇宙線に含まれる中間子の寿命がその速度に依存する事実(時計の遅れ)など,多くの証拠が挙げられ,しかも反復実験がなされている.他方,一般相対論については,その理論の性格から,実験室における検証は困難である.しかし,つぎのような観測結果が一般相対論の正当性を保障していると考えられている.

(1) 太陽重力による光線の湾曲
(2) 水星の近日点の移動
(3) 重力レンズ効果
(4) 重力偏移
(5) ブラックホールの存在

また,最近のナビゲータシステム(GPSシステム)では一般相対論による補正が必要となっている.

一般相対論から予想されるものとして,重力波の存在がある.これはアインシュタインの方程式が一種の波動方程式(正確には非線形双曲型偏微分方程式)であることによる.1974年に発見された連星パルサーの運動から,間接的にではあるが重力波の存在が確認されている.

参考文献

　連続体の力学は，その性格から工学的なアプローチの下で解説されることが多い．本書では数学的観点に即して述べたが，ページ数の関係から最小限の解説にとどまっている．より詳しい内容については，つぎの本を参考にしてほしい．
［1］松信八十男：変形と流れの力学，朝倉書店，1981.
［2］巽友正：連続体の力学（岩波基礎物理シリーズ），岩波書店，1995.
　電磁場の理論については
［3］砂川重信：電磁気学（物理テキストシリーズ），岩波書店，1987.
が参考になる．また，その数学的取り扱いについては
［4］深谷賢治：電磁場とベクトル解析，岩波書店，2004.
を参照のこと．
　本文でも述べたように，電磁場の理論では波動方程式が重要な役割を果たす．波動方程式の数学的理論については，つぎの2つの著書が参考になる．
［5］望月清：波動方程式の散乱理論，紀伊國屋書店，1984.
［6］ベ・エス・ウラジミロフ（飯野理一他訳）：応用偏微分方程式，総合図書，1971.
　空洞放射の古典理論に現れる境界値問題については，数学の広い視点から解説されたつぎの本が役立つだろう．
［7］L. Hörmander：The Analysis of Linear Partial Differential Operators Ⅲ, Springer-Verlag, 1985.

ヘルマンダーは，シュワルツの超関数を基礎にした偏微分方程式論を整備・応用し，その集大成として上記の巻を含む4巻の著書を出版している．

相対論については，古い文献であるが定評あるものとして
[8] C. メラー（永田恒夫，伊藤大介訳）：相対性理論，みすず書房，1959．
を読むことを薦める．また，
[9] 佐藤文隆，小玉英雄：一般相対性理論（現代物理学叢書），岩波書店，2000．
も参考になる．

なお，本巻でも線形代数の知識が必須であり，
[10] 砂田利一：行列と行列式，岩波書店，2003．
を通読しておくことが望ましい．

索　引

英数字

1径数局所変換群　4
4元運動量　70
4元加速度ベクトル　70
4元速度ベクトル　70
4元力　70

あ 行

アインシュタイン(A. Einstein)
　44, 56, 59, 80
　――の思考実験　79
　――の方程式(真空における)
　　82, 83
　――の方程式(物質をもつ場合)
　　87, 90, 93
圧力　7
アフィン空間　55, 56
アフィン写像　69
アンペールの法則　24, 25
アンペール-マクスウェルの法則
　25
位相　43
位相速度　16
一般相対論　79
ヴィネラ(M. -F. Vignéras)
　52
ウェッブ(D. Webb)　52
ウォルパート(S. Wolpert)　52
渦線　4, 8

浦川肇　52
運動エネルギー　72
運動エネルギー密度　31
運動量保存則(電磁場の)　28, 30
運動量保存則(面積力に対する)
　5
運動量密度　29
エーテル　44, 59
エネルギー運動量テンソル
　29, 78, 86
エネルギー方程式　3
エネルギー保存則　8
エネルギー保存則(電磁場の)
　28, 33
オイラー(L. Euler)　20
　――の公式　18
　――の方程式(完全流体の)
　　7, 10
応力テンソル　4, 13

か 行

回転部分　62
回転部分(ローレンツ変換の)
　58, 60
外微分　53
ガウス(C. F. Gauss)　73
　――の発散定理　4, 26, 34
　――の法則(静磁場に対する)
　　24

——の法則(静電場に対する)
　　　　24
　角運動量保存則(面積力に対する)
　　　5
　角振動数　43
　可積分関数　19
　カッツ(M. Kac)　52
　　——の問題　52
　ガリレイ時空　56, 69
　ガリレイ変換　56, 57
　慣性系(ミンコフスキー時空の)
　　56-59, 70, 74-77
　完全反射　45
　完全流体　7
　カントル(G. Cantor)　21
　起電力　27
　逆関数定理　12
　極座標　42, 82
　曲率テンソル　81
　空洞放射　44
　クライン(F. Klein)　73
　グリーンの定理　46, 49
　クリストッフェルの記号　80
　ゲージ変換　35, 66
　ケルビンの定理　8
　コーシー(A. L. Cauchy)　20
　固体　11
　固有時間　70, 90
　固有質量　70, 72
　固有質量測度　74
　固有質量の流れの密度　74
　固有質量密度　74
　固有振動　47
　固有振動数(電磁場の)　48
　固有値　49, 50

ゴルドン(C. Gordon)　52
コンデンサー　24

さ 行

最小作用の原理　83
作用素ノルム　12
磁束　27
質点系　74
質量測度　2, 28
質量の流れの密度　29
質量密度　29
磁波　43
シュヴァルツシルトの時空
　　82
自由落下　79, 82
重力　29
重力場　6, 79
重力ポテンシャル　6, 80, 82, 83, 85
ジュール熱　33
縮約(テンソルの)　76
シュワルツ(L. Schwartz)　21
循環　8
試料関数　31
振動数　43
振幅　43
スカラー曲率　83
スカラー・ポテンシャル(電磁場の)　35
ストークスの定理　24, 28, 68
砂田利一　52
スペクトル幾何学　52
静止エネルギー　72
静止質量　70
静電場　5

静電場と静磁場の基本法則　23
静電場の法則　5
世界曲線　70
線形部分　69
相対速度　58
相対論的運動エネルギー　72
相対論的質量　71
測地線　10, 73, 80, 81, 83
速度の変換則　61

た 行

第 1 基本形式　80
　──の係数　84
対称テンソル　4, 30, 31
体積要素　10, 49
体積力　4
縦波　16
ダランベール
　(J. le R. d'Alembert)　20
単位法ベクトル　4
弾性体　13
弾性定数テンソル　14
弾性波　15, 44
　──の方程式　15
断面曲率　73
遅延電磁ポテンシャル　38
力の密度関数　1, 4, 5, 13, 14
力のモーメント　5
調和関数　83
調和振動子　21
定曲率空間　73
ディリクレ (P. G. Dirichlet)
　21
　──の原理　83
ディリクレ-ノイマン問題　48

電荷　29
展開定理　50
電荷系　5, 28
電荷測度　29
電荷・電流の変換則　65
電荷保存則　67
電荷密度　5, 23, 39
電磁波　34, 44
電磁場　72
電磁場の運動量密度　30, 34, 43
電磁場のエネルギー密度　33, 39, 43
電磁場の変換則　62
電磁放射　39
電磁ポテンシャル　34, 66
テンソル場　77
点電荷　39, 72
電波　43
電流密度　23, 31, 39
同時刻　58
透磁率　24
等方的　15
等方的フック弾性体　15
特殊相対論　44

な 行

内部相互作用　7, 28
ナヴィエ-ストークスの方程式　8
ニュートンの運動方程式　1, 30
ニュートン力学　56, 69, 88
粘性　7

は 行

波数ベクトル　43

波長　43
波動方程式　16, 34, 36
波面　43
非圧縮性流体　7
光の速さ　44
非慣性系　79
ひずみ速度テンソル　7
ひずみテンソル　13
左不変計量　10
微分形式　53
微分同相写像　10, 73
非ユークリッド空間　73
ヒルベルト(D. Hilbert)　21, 83
ファラデー(M. Faraday)　6, 23, 26
　——の誘導法則　26
フィッツジェラルド
　(G. F. Fitzgerald)　59
フーリエ(J. -B. -J. Fourier)　20
フーリエ級数　18
フーリエ係数　18
フーリエ変換　37
フェルミ座標系　82, 84, 86
フォン・ノイマン
　(J. L. von Neumann)　21
符号　55, 56, 80
フック弾性体　14
不定値計量　54, 69, 80
普遍法則　61
ブラックホール　82
分散公式　43
平行移動(接ベクトルの)　83
平行線の公理　73

平行ベクトル場　84
平面波　42
ベクトル・ポテンシャル　45
ベクトル・ポテンシャル(電磁場の)　35
ヘルツ(H. R. Hertz)　23, 44
ベルトラミ(E. Beltrami)　73
ベルヌーイ(ダニエル)
　(Daniel Bernoulli)　20
　——の定理　8
変位電流　25
変位ベクトル(場)　11
変形　11
ポアソンの方程式　81, 85, 87
ポアンカレ(H. Poincaré)　73
　——の補題　34, 66
ホイヘンス(C. Huygens)　44
ポインティング・ベクトル　30, 41
方向微分　2
放射エネルギー　39
ホッジの∗-作用素　67
ポテンシャル・エネルギー　13, 33
ボーヤイ(J. Bolyai)　73
ボルツマン(L. Boltzmann)　28
ボレル(É. Borel)　21

ま 行

マクスウェル(J. C. Maxwell)　6, 25, 44, 59
　——の応力テンソル　6
　——の方程式　23, 32, 34, 42, 43, 45, 53, 55, 56, 61

ミルナー(J. W. Milnor) 52
ミンコフスキー(H. Minkowski) 56
ミンコフスキー空間　56, 74
ミンコフスキー計量　70, 73, 89
ミンコフスキー時空　69, 73, 80, 82
面積要素　4
面積力　4, 6, 13
モーペルテュイ
　(P. -L. M. de Maupertuis) 83
モデル(アフィン空間の)　56

や 行

ヤコビの微分方程式　81
誘電率　24
横波　16, 43
弱い重力場　89

ら 行

ライプニッツ
　(G. W. F. von Leibniz)　20
ラグランジュ微分　3
ラプラシアン　52
ラメの弾性定数　16
ランダウの記号　89
リーマン計量　73
リーマン多様体　10
リッチ曲率　82
流線　4, 8
流体　7
　――の運動方程式　2, 7
流体運動　1, 65
流体力学　1
ルベーグ(H. L. Lebesgue)　21
レビ-チビタ接続　10
レベデフ(P. N. Lebedev)　28
連続の方程式　1, 7, 24, 25, 39, 67, 76
レンツの法則　27
ローレンツ(H. A. Lorentz) 52, 59
　――の条件　36, 39
　――の力　29, 72
ローレンツ計量　56, 80, 82, 89
ローレンツ・ゲージ　35, 39, 46, 66
ローレンツ収縮　59
ローレンツ多様体　80, 86, 88
ローレンツ変換　58, 62, 73, 75
ロバチェフスキー
　(N. I. Lobachevskii)　73

わ 行

ワイル(C. H. H. Weyl)　52
　――の定理　50

■岩波オンデマンドブックス■

岩波講座 物理の世界　物の理 数の理 3
数学から見た連続体の力学と相対論

2004 年 5 月 27 日　第 1 刷発行
2005 年 9 月 15 日　第 2 刷発行
2024 年 10 月 10 日　オンデマンド版発行

著 者　砂田利一(すなだとしかず)

発行者　坂本政謙

発行所　株式会社 岩波書店
〒 101-8002　東京都千代田区一ツ橋 2-5-5
電話案内　03-5210-4000
https://www.iwanami.co.jp/

印刷／製本・法令印刷

© Toshikazu Sunada 2024
ISBN 978-4-00-731491-9　　Printed in Japan